JN289049

電子情報通信レクチャーシリーズ **B-11**

基礎電子物性工学
―― 量子力学の基本と応用 ――

電子情報通信学会●編

阿部正紀 著

コロナ社

▶電子情報通信学会　教科書委員会　企画委員会◀

- ●委員長　　　　　原　島　　　博（東京大学教授）
- ●幹事　　　　　　石　塚　　　満（東京大学教授）
  （五十音順）
  　　　　　　　　　大　石　進　一（早稲田大学教授）
  　　　　　　　　　中　川　正　雄（慶應義塾大学教授）
  　　　　　　　　　古　屋　一　仁（東京工業大学教授）

▶電子情報通信学会　教科書委員会◀

- ●委員長　　　　　　　　辻　井　重　男（東京工業大学名誉教授）
- ●副委員長　　　　　　　神　谷　武　志（東京大学名誉教授）
  　　　　　　　　　　　宮　原　秀　夫（大阪大学名誉教授）
- ●幹事長兼企画委員長　　原　島　　　博（東京大学教授）
- ●幹事　　　　　　　　　石　塚　　　満（東京大学教授）
  （五十音順）
  　　　　　　　　　　　大　石　進　一（早稲田大学教授）
  　　　　　　　　　　　中　川　正　雄（慶應義塾大学教授）
  　　　　　　　　　　　古　屋　一　仁（東京工業大学教授）
- ●委員　　　　　　　　　122名

(2008年4月現在)

刊行のことば

　新世紀の開幕を控えた1990年代，本学会が対象とする学問と技術の広がりと奥行きは飛躍的に拡大し，電子情報通信技術とほぼ同義語としての"IT"が連日，新聞紙面を賑わすようになった．

　いわゆるIT革命に対する感度は人により様々であるとしても，ITが経済，行政，教育，文化，医療，福祉，環境など社会全般のインフラストラクチャとなり，グローバルなスケールで文明の構造と人々の心のありさまを変えつつあることは間違いない．

　また，政府がITと並ぶ科学技術政策の重点として掲げるナノテクノロジーやバイオテクノロジーも本学会が直接，あるいは間接に対象とするフロンティアである．例えば工学にとって，これまで教養的色彩の強かった量子力学は，今やナノテクノロジーや量子コンピュータの研究開発に不可欠な実学的手法となった．

　こうした技術と人間・社会とのかかわりの深まりや学術の広がりを踏まえて，本学会は1999年，教科書委員会を発足させ，約2年間をかけて新しい教科書シリーズの構想を練り，高専，大学学部学生，及び大学院学生を主な対象として，共通，基礎，基盤，展開の諸段階からなる60余冊の教科書を刊行することとした．

　分野の広がりに加えて，ビジュアルな説明に重点をおいて理解を深めるよう配慮したのも本シリーズの特長である．しかし，受身的な読み方だけでは，書かれた内容を活用することはできない．"分かる"とは，自分なりの論理で対象を再構築することである．研究開発の将来を担う学生諸君には是非そのような積極的な読み方をしていただきたい．

　さて，IT社会が目指す人類の普遍的価値は何かと改めて問われれば，それは，安定性とのバランスが保たれる中での自由の拡大ではないだろうか．

　哲学者ヘーゲルは，"世界史とは，人間の自由の意識の進歩のことであり，…その進歩の必然性を我々は認識しなければならない"と歴史哲学講義で述べている．"自由"には利便性の向上や自己決定・選択幅の拡大など多様な意味が込められよう．電子情報通信技術による自由の拡大は，様々な矛盾や相克あるいは摩擦を引き起こすことも事実であるが，それらのマイナス面を最小化しつつ，我々はヘーゲルの時代的，地域的制約を超えて，人々の幸福感を高めるような自由の拡大を目指したいものである．

　学生諸君が，そのような夢と気概をもって勉学し，将来，各自の才能を十分に発揮して活躍していただくための知的資産として本教科書シリーズが役立つことを執筆者らと共に願っ

ている．

　なお，昭和55年以来発刊してきた電子情報通信学会大学シリーズも，現代的価値を持ち続けているので，本シリーズとあわせ，利用していただければ幸いである．

　終わりに本シリーズの発刊にご協力いただいた多くの方々に深い感謝の意を表しておきたい．

　2002年3月

電子情報通信学会　教科書委員会

委員長　辻　井　重　男

まえがき

　電子に起因する物質の性質（物性）を電子工学に応用する「電子物性工学」の基本原理は，量子力学によっています．本書の目的は，量子力学の基本を（水素原子，パウリの原理まで）学び，電子材料や電子デバイスにどのように応用されているかを習得するとともに，近年誕生した「量子情報工学」の基本を理解することにあります．

　とかく難解であると受け止められている量子力学を興味深く，また分かりやすく学ぶために次のような工夫をしました．

* 量子情報工学の分野で，量子力学の原理を利用して驚くべき高性能の「量子コンピュータ」などの開発研究が行われているホットな話題から出発しました．そして
* 量子力学が誕生し，自然科学を革新するとともに応用技術を生み出した歴史を現在から過去にさかのぼりました．量子力学が「なぜ生まれたか」を次々と時間を逆転してたどれば，量子力学に対する心理的な抵抗感がなくなると期待されます．更に
* 量子力学が，古代から発達した光学に関する研究と密接に関連して生み出された経緯を，原著論文を踏まえて探りました．それによって
* 量子力学を生み出した偉大な先人たちの歩みから，科学理論は観測データと合理的な思考だけから必然的に生み出されるのではなく，苦闘の中から構築され，その正しさは実験事実と一致することによって保証されていることを示しました．このような"科学理論の発見のプロセス"の現場を知れば，とっつきにくく感じた量子力学も身近に感じられるようになることでしょう．また
* とかく煩雑な計算過程の詳細は，付録や演習問題また他書に譲り，見通しよく量子力学の本質を把握できるようにしました．更に
* 関連する興味深い理論的背景やその展開を付録として収録しました．
* 従来の入門書では扱われなかった「量子力学の観測問題」の本質をできる限りやさしく解説しました．そして，これに関する論争から，現在では"情報"こそが量子力学が扱うミクロ世界を支配する鍵であることが明らかにされつつあり，量子力学の原理を直接利用する量子情報工学が生まれた経緯を述べました．

　本書によって，最先端技術や，電子材料・電子デバイスに応用されている量子力学の基本を学ぶだけでなく，量子力学の不思議さと面白さをも味わい，自然の奥深さにふれ，科学の本質についても興味を抱くようになられることを願っています．

本書は，筆者が東京工業大学 電気電子工学科で担当している授業科目「量子力学」の講義内容から書き下ろしました．受講された学生諸君から有益な示唆や意見を受ける機会が与えられ，また特に中野恭兵君には原稿の校正を手伝っていただいたことを感謝します．

東京工業大学 電子物理工学専攻の古屋一仁教授および玉川大学 メディアネットワーク学科の山﨑浩一教授から有益なご指摘をいただき，更に，東京工業大学 電子物理工学専攻の真島 豊准教授から，C_{82}分子のSTM写真を提供していただいたことを厚く御礼申し上げます．

コロナ社の皆様方には，いろいろとご尽力いただき，誠に有り難うございました．

2008年3月

阿 部 正 紀

第4刷刊行に際して

量子力学の最先端的応用と量子力学論争を扱った8章「観測問題と量子情報工学」の一部を修正しました．さらに，8.1.5「多世界解釈」の内容の理解を深めるために，補遺：「量子力学の多世界解釈」を以下のサイトに掲載しました．

http://www.coronasha.co.jp/static/01826/tasekai-kaisyaku.pdf

検索語：「補遺：量子力学の多世界解釈」

目次

1. "逆さ量子力学史"と電子物性工学

- 1.1 量子情報工学——量子力学が開く未来のIT ………… 2
- 談話室 坂本竜馬の開眼——量子力学の"難解さ克服"へのヒント … 4
- 1.2 電子物性工学の最前線 ………… 5
- 1.3 量子力学のルーツ ………… 7
- 本章のまとめ ………… 8
- 理解度の確認 ………… 8

2. 光から生まれた量子力学

- 2.1 光に関する謎——量子力学誕生のきっかけ ………… 10
  - 2.1.1 黒体放射とプランクのエネルギー量子仮説 ………… 10
  - 2.1.2 光電効果とアインシュタインの光量子説 ………… 13
  - 2.1.3 水素原子スペクトルとボーアの原子模型 ………… 16
- 2.2 ハミルトンの光学理論から生まれた物質波と波動方程式 ………… 20
  - 2.2.1 粒子と光の統合をめざしたハミルトン ………… 20
  - 2.2.2 ド・ブロイ波の提案 ………… 24
- 談話室 科学理論の先駆と模倣 ………… 27
  - 2.2.3 シュレーディンガー方程式の導出 ………… 28
- 談話室 「科学的真理発見」における"ひらめき"と自然科学の本質 … 30
- 本章のまとめ ………… 31
- 理解度の確認 ………… 32

3. 量子力学の基本原理

- 3.1 確率波の解釈 ……………………………………………… 34
  - 3.1.1 回折現象と確率波 …………………………………… 34
  - 3.1.2 確率波と観測問題 …………………………………… 37
- 3.2 不確定性原理 ………………………………………………… 41
- 談話室　ハイゼンベルクの不確定性原理を超えた日本人 …… 43
- 3.3 古典的因果律の破綻 ………………………………………… 44
- 3.4 量子力学の要請——状態・物理量・測定値 ……………… 45
- 談話室　虚数と自然科学 ………………………………………… 46
- 本章のまとめ ……………………………………………………… 50
- 理解度の確認 ……………………………………………………… 50

4. 定常状態と井戸型/凸型ポテンシャル

- 4.1 定常状態の波動関数と波動方程式 ………………………… 52
- 4.2 一次元自由粒子 ……………………………………………… 53
- 4.3 一次元井戸型ポテンシャル中の粒子 ……………………… 55
  - 4.3.1 無限に深い井戸型ポテンシャル …………………… 55
  - 4.3.2 有限の深さの井戸型ポテンシャル ………………… 57
- 4.4 凸型ポテンシャル障壁とトンネル効果 …………………… 61
- 4.5 三次元自由粒子と井戸型ポテンシャル問題 ……………… 65
- 本章のまとめ ……………………………………………………… 68
- 理解度の確認 ……………………………………………………… 68

5. 演算子の性質とその応用

- 5.1 演算子の線形性と重ね合わせの原理/波束の収縮 ……… 70
- 5.2 演算子の交換関係と不確定性原理 ………………………… 73
- 談話室　知の限界 ………………………………………………… 75
- 本章のまとめ ……………………………………………………… 76
- 理解度の確認 ……………………………………………………… 76

6. 水素原子と軌道角運動量

- 6.1 波動方程式の解法 …………………………………… 78
- 6.2 動径関数と電子雲の広がり …………………………… 82
- 6.3 角運動量と空間の量子化 ……………………………… 86
- 6.4 電子雲の方向依存性 …………………………………… 88
- 本章のまとめ ………………………………………………… 90
- 理解度の確認 ………………………………………………… 90

7. スピン角運動量と電子配置

- 7.1 軌道磁気モーメント …………………………………… 92
- 7.2 スピン磁気モーメント ………………………………… 94
- 7.3 パウリの原理と電子配置 ……………………………… 97
- 本章のまとめ ………………………………………………… 100
- 理解度の確認 ………………………………………………… 100

8. 観測問題と量子情報工学

- 8.1 「量子力学の観測問題」今昔 ………………………… 102
  - 8.1.1 ノイマンの観測理論――意識が状態を収縮させる？ …… 102
  - 8.1.2 シュレーディンガーの猫――観測が猫の生死を決定する？ … 103
  - 8.1.3 EPRパラドックス――自然は非局所的か？ ………… 105
- 談話室　アインシュタインとボーア：論争と友情 …………… 107
  - 8.1.4 ベルの定理とアスペの実験――遠隔相関と非局所性を実証！ … 107
  - 8.1.5 多世界解釈 ……………………………………… 108
- 談話室　"オッカムのかみそり"と多世界 ………………… 109
- 8.2 "情報"と量子力学 …………………………………… 110
  - 8.2.1 量子消去――量子情報を消して過去を変える!? ………… 111
  - 8.2.2 量子コンピュータと量子暗号通信 …………………… 114
- 談話室　アリストテレスの謎と量子力学 …………………… 117

本章のまとめ ………………………………………… 118
　　　理解度の確認 ………………………………………… 118

付　録

　　1．フェルマーの原理と蜃気楼 ………………………… 119
　　2．ハミルトンの原理とハミルトン・ヤコビの方程式 ………… 123
　　3．近接場光の応用 …………………………………… 126
　　4．エルミート演算子・完全直交系と演算子の行列表示 ………… 128
　　5．スピン測定と不確定性原理 ………………………… 131

引用・参考文献 …………………………………………… 133
理解度の確認；解説 ……………………………………… 134
索　　引 …………………………………………………… 139

補遺 URL　　http://www.coronasha.co.jp/static/01826/tasekai-kaisyaku.pdf
　　　「量子力学の多世界解釈」

物 理 定 数 (CODATA, 2002)

名　称	記　号	数　値	単位
真空中の光の速さ	c	$2.997\,924\,58 \times 10^{8}$	$\mathrm{m \cdot s^{-1}}$
真空の透磁率	μ_0	$1.256\,637\,06 \times 10^{-6}$	$\mathrm{N \cdot A^{-2}}$
真空の誘電率	ε_0	$8.854\,187\,817 \times 10^{-12}$	$\mathrm{F \cdot m^{-1}}$
電気素量(電子の電荷)	e	$1.602\,176\,53\,(14) \times 10^{-19}$	C
プランク定数	h	$6.626\,069\,3\,(11) \times 10^{-34}$	$\mathrm{J \cdot s}$
ディラック定数	$\hbar$	$1.054\,571\,68\,(18) \times 10^{-34}$	$\mathrm{J \cdot s}$
電子の質量	m	$9.109\,382\,6\,(16) \times 10^{-31}$	kg
陽子の質量	M	$1.672\,621\,71\,(29) \times 10^{-27}$	kg
陽子の質量/電子の質量	M/m	$1\,836.152\,672\,61\,(85)$	
リュードベリ定数	R_H	$1.097\,373\,156\,852\,5\,(73) \times 10^{7}$	$\mathrm{m^{-1}}$
ボーア半径	a_0	$5.291\,772\,108\,(18) \times 10^{-11}$	m
ボーア磁子	μ_B	$9.274\,009\,49\,(80) \times 10^{-24}$	$\mathrm{J \cdot T^{-1}}$
アボガドロ定数	N_A	$6.022\,141\,5\,(10) \times 10^{23}$	$\mathrm{mol^{-1}}$
ボルツマン定数	k_B	$1.380\,650\,5\,(24) \times 10^{-23}$	$\mathrm{J \cdot K^{-1}}$
0°Cの絶対温度	T_0	273.15	K

(　)内の2桁の数字は，表示されている数値の最後の2桁についての標準不確かさを表す．

単位の倍数を表す接頭語 (JIS Z 8202-0)

倍　数	記　号	名　称	対応英語	倍　数	記　号	名　称	対応英語
10^{24}	Y	ヨタ	yotta	10^{-1}	d	デシ	deci
10^{21}	Z	ゼタ	zetta	10^{-2}	c	センチ	centi
10^{18}	E	エクサ	exa	10^{-3}	m	ミリ	milli
10^{15}	P	ペタ	peta	10^{-6}	μ	マイクロ	micro
10^{12}	T	テラ	tera	10^{-9}	n	ナノ	nano
10^{9}	G	ギガ	giga	10^{-12}	p	ピコ	pico
10^{6}	M	メガ	mega	10^{-15}	f	フェムト	femto
10^{3}	k	キロ	kilo	10^{-18}	a	アト	atto
10^{2}	h	ヘクト	hecto	10^{-21}	z	ゼプト	zepto
10	da	デカ	deca	10^{-24}	y	ヨクト	yocto

$1\,\text{Å}$ (オングストローム) $= 10^{-10}\,\mathrm{m} = 0.1\,\mathrm{nm}$

ギリシャ文字 (JIS Z 8202-0)

名　称	大文字	小文字	名　称	大文字	小文字
アルファ	A	α	ニュー	N	ν
ベータ	B	β	クサイ	Ξ	ξ
ガンマ	Γ	γ	オミクロン	O	o
デルタ	Δ	δ	パイ	Π	π
エプシロン	E	ε, ϵ	ロー	P	ρ
ジータ	Z	ζ	シグマ	Σ	σ
イータ	H	η	タウ	T	τ
シータ	Θ	ϑ, θ	ユプシロン	Υ	υ
イオタ	I	ι	ファイ	Φ	φ, ϕ
カッパ	K	$\varkappa, \kappa$	カイ	X	χ
ラムダ	Λ	λ	プサイ	Ψ	ψ
ミュー	M	μ	オメガ	Ω	ω

数 学 公 式

[複素数] (r, θ, x, y：実数, e：自然対数の底)

$$\exp(i\theta) = e^{i\theta} = \cos\theta + i\sin\theta$$

$$|e^{i\theta}| = 1, \quad |re^{i\theta}| = r$$

$$|x + iy| = \sqrt{x^2 + y^2} = \sqrt{(x+iy)(x-iy)}$$

$$\left.\begin{array}{l}(x+iy)^* = x - iy \\ (re^{i\theta})^* = re^{-i\theta}\end{array}\right\} \quad \text{*は共役複素数を表す}$$

[展開と近似]

$$f(x+a) = f(x) + \frac{f'(x)}{1!}a + \frac{f''(x)}{2!}a^2 + \cdots$$

$|x| \ll 1$ のとき

$$e^x = 1 + x + \frac{x^2}{2!} + \cdots \fallingdotseq 1 + x$$

$$\sin x = x - \frac{x^3}{3!} + \cdots \fallingdotseq x$$

$$\cos x = 1 - \frac{x^2}{2!} + \cdots \fallingdotseq 1$$

[微 分] (f, g：x の関数, a, C：定数)

$$\frac{d(fg)}{dx} = \frac{df}{dx}g + f\frac{dg}{dx} = f'g + fg'$$

$$\frac{d}{dx}\left(\frac{g}{f}\right) = \frac{fg' - f'g}{f^2}$$

$$\frac{d}{dx}(e^{ax}) = ae^{ax}$$

[積 分]

部分積分 $\quad \int fg\,dx = \left(\int f\,dx\right)g - \int\left(\int f\,dx\right)g'\,dx$

定積分 $\quad \int_0^\infty \frac{\sin^2 qx}{x^2}dx = \frac{1}{2}q\pi$

$$\int_0^\infty e^{-qx}x^{n-1}dx = \frac{(n-1)!}{q^n} \qquad (q > 0, \quad n = 1, 2, \cdots)$$

$$\int_0^\infty e^{-qx^2}x\,dx = \frac{\sqrt{\pi}}{2\sqrt{q}} \qquad (q > 0)$$

$$\int_0^\infty e^{-qx^2}x^{2n}dx = \frac{1 \cdot 3 \cdot 5 \cdots (2n-1)}{(2q)^n} \cdot \frac{1}{2}\sqrt{\frac{\pi}{q}} \qquad (q > 0, \quad n = 1, 2, \cdots)$$

$$\int_0^\infty e^{-qx^2}x^{2n+1}dx = \frac{n!}{2q^{n+1}} \qquad (q > 0, \quad n = 1, 2, \cdots)$$

$$\int_0^\infty e^{-p^2x^2}dx = \frac{1}{2|p|}\sqrt{\pi}$$

1 "逆さ量子力学史"と電子物性工学

　電子物性工学の基礎である量子力学は難解であるとされてきた．それは量子力学で扱うミクロ世界の原理が，我々の常識からかけ離れているからであろう．本章では，この難解さを克服するために，時代を現在から過去にさかのぼって，量子力学の誕生とその応用技術の発展の歴史を概観した．樋口清之著「うめぼし博士の逆（さかさ）・日本史　昭和→大正→明治」（祥伝社，1994年）のお知恵を拝借し，「"なぜ"という疑問をタテ糸にして歴史を遡っていく方法」（同書「まえがき」p.4）を採用したのである．

　まず，量子力学そのものを利用して，驚くべき高性能を発揮する量子コンピュータなどの開発が行われている最先端研究からさかのぼって，量子力学が20世紀の科学を革新して，数々の応用技術を生み出した歴史を学ぶ．そして，量子力学が20世紀初頭に誕生した歴史的な背景を探り，それが古代から発達した幾何光学にまでさかのぼれることを示す．

1.1 量子情報工学 ── 量子力学が開く未来のIT

　たった1台で数億台のパソコンに匹敵する，途方もなく高性能な「量子コンピュータ」を開発する遠大な研究プロジェクトが今や世界中で行われている（図1.1）．もし，量子コンピュータが実現されると，現在インターネット上などで用いられている「公開鍵暗号」技術によるセキュリティが破られてしまうのではないかと懸念される．そこで，「量子暗号通信」の研究開発が行われている．量子暗号通信によれば，盗聴されたか否かを常に監視できるので，究極のセキュリティを確保できると期待されている．

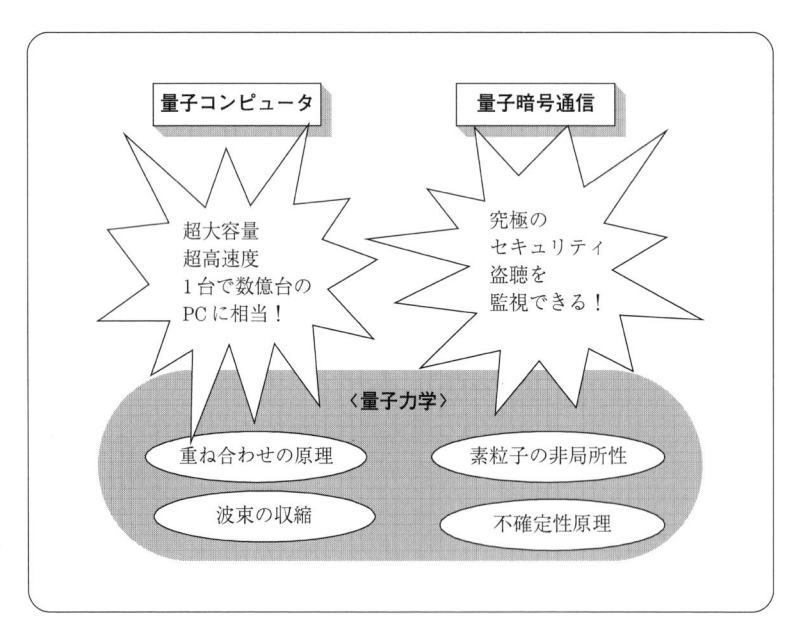

図1.1 量子情報工学の二大テーマ ── 量子コンピュータと量子暗号通信 ── で用いられている量子力学の原理

　量子コンピュータと量子暗号通信（8.2.2項）では，量子力学の基本原理である"重ね合わせの原理"（p.70），"波束の収縮†"（p.73），"不確定性原理"（p.43），"素粒子の非局所性"（p.106）に基づく"遠隔相関"（p.106）などが利用されている．例えば，量子コンピュータでは，電子や光などの素粒子 ── 今後，量子的粒子と呼ぶ ── に関する重ね合わせの

---

† 波動として広がっていた粒子 ── 波束という ── が観測によって一点に局在化する現象．

原理に基づいて，無数の情報を一括して演算を行い，波束の収縮を利用して計算結果を求めるので超高速演算が可能になる．一方，量子暗号通信では，不確定性原理または二つの量子的粒子が遠く離れてもあたかも結び合わされているかのようにふるまうという非局所性などに基づいて盗聴を見破る．

量子コンピュータや量子暗号通信のように，量子力学の原理そのものを利用して情報処理や通信を行う分野を「量子情報工学」という（同名の図書が本書と同じレクチャーシリーズで刊行が予定されている）．

量子情報工学で応用されている波束の収縮などの量子力学の基本原理は，常識的な判断や伝統的な哲学と真っ向から対立するので，量子力学の誕生の当初（20世紀前半）から異論が唱えられてきた．これを量子力学の**観測問題**という．しかし量子力学は，成功につぐ成功をおさめた．量子力学の成果は，物理学，化学，生物学などの基礎科学を発展させて宇宙論

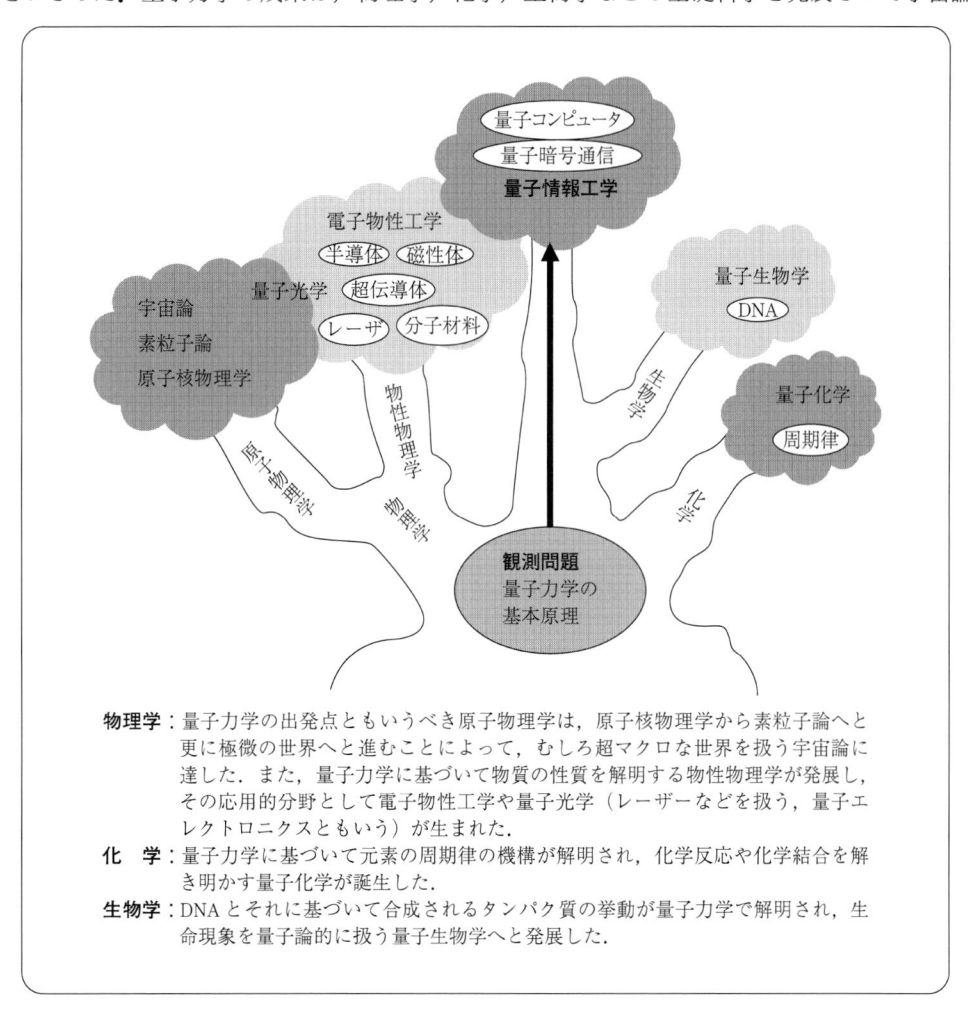

物理学：量子力学の出発点ともいうべき原子物理学は，原子核物理学から素粒子論へと更に極微の世界へ進むことによって，むしろ超マクロな世界を扱う宇宙論に達した．また，量子力学に基づいて物質の性質を解明する物性物理学が発展し，その応用的分野として電子物性工学や量子光学（レーザーなどを扱う，量子エレクトロニクスともいう）が生まれた．

化　学：量子力学に基づいて元素の周期律の機構が解明され，化学反応や化学結合を解き明かす量子化学が誕生した．

生物学：DNAとそれに基づいて合成されるタンパク質の挙動が量子力学で解明され，生命現象を量子論的に扱う量子生物学へと発展した．

図1.2　量子力学が生み出した学問分野とその応用

にまで及ぶとともに，広範囲な工業的応用を作り出している（図1.2）．

それゆえ，誰もが量子力学の有効性を認めている．かつてパラドックス（矛盾，逆説）とみなされていた基本原理から予測されるとおりに量子的粒子（光子や電子）が振る舞うことが実験から明らかにされ，これを利用した量子コンピュータと量子暗号通信の開発研究が行われている．

近年，量子的粒子の振舞いが，ますます我々の日常感覚や常識とかけ離れていることが実証されている．特に我々が量子的粒子に関して持つ"情報"が量子的系の状態を決めていることが分かりつつあり，観測問題は更に謎を深めている．量子情報工学はこの観測問題を未解決のまま棚上げして，量子力学の基本原理から予測される結果だけを利用しているのである（8.2.2項）．

☕ 談 話 室 ☕

坂本竜馬の開眼 —— 量子力学の"難解さ克服"へのヒント

「勝先生，わしを弟子にして仕ァされ」（司馬遼太郎：竜馬がゆく1（司馬遼太郎全集3），p.535, 文藝春秋，1972年）．

暗殺するために同志と二人で勝海舟の屋敷に乗り込んだ坂本竜馬．ところが，海舟の持論を聞かされて，その場で弟子入りする破目となった．海舟の大志が竜馬を開眼したのである．

海舟は，物騒な客人を地球儀の前に連れて行き，当時の世界情勢を説明した．国を開き，貿易を行って国力をつければ，外国勢による日本への侵略はありえないという「航海貿易論」を展開し，そのための海軍構想を披瀝した．それは，軍艦270隻，兵員6万人の艦隊群をつくるという大計画．たった4隻の黒船に皆が腰を抜かしていたこの時代には気宇壮大すぎる構想であった．しかし，深くうなずくところがあった竜馬は，この日を境に，攘夷論者から一転して開国論者に飛躍した．

いまや，1台で数億台のPCにも匹敵する「量子コンピュータ」の開発研究が行われている．量子コンピュータでは，量子力学の基本原理である，「波束の収縮」や，「素粒子の非局所性」などを利用する．これらは，常識や哲学に逆らうので，観測問題として量子力学の創成当時から強く疑念を投げかけられてきた．しかし，これらの原理から予測されるとおりの現象が起こることが実験で示された（p.108）．そこで，観測問題を棚上げして，実際に起こる量子力学的な現象を利用して，量子コンピュータおよび量子暗号通信の開発が進行している．

このような現実を理解すれば，量子力学は受け入れ難い，という心理的な抵抗感から

開放されるのではないか．人は，聞きなれない奇妙な事柄に拒否反応を示し，理解することに困難を感じる．しかし，いかに奇妙であっても，そのことが現実に起こり，世界を動かしていることを知れば，心理的な障壁が壊されて，受け入れることができるようになるのではないだろうか．竜馬が開国論を受け入れたように．

1.2 電子物性工学の最前線

　現在，最先端研究として，ナノメートル（$1\,\text{nm} = 10^{-9}\,\text{m} = 10\,\text{Å}$）サイズの超微細加工をほどこして，量子力学的な効果（量子効果）を利用する「量子効果ナノデバイス」の研究開発が盛んに行われている．量子効果ナノデバイスの代表例は，電子を一つずつ制御する**単一電子デバイス**，および1個の電子から光子を1個ずつ放出する**単一光子レーザ**である．

　単一電子デバイスの研究が行われるようになった背景には，**図1.3**(a)に示すように，トランジスタの寸法が年々小さくなったために生じた問題がある．今やトランジスタのサイズがナノメートルの領域に入った．このため，量子力学によれば，電子は波動として振る舞い，トンネル効果（図(b)）を示すので，電流が漏れて雑音を生じトランジスタとしての特

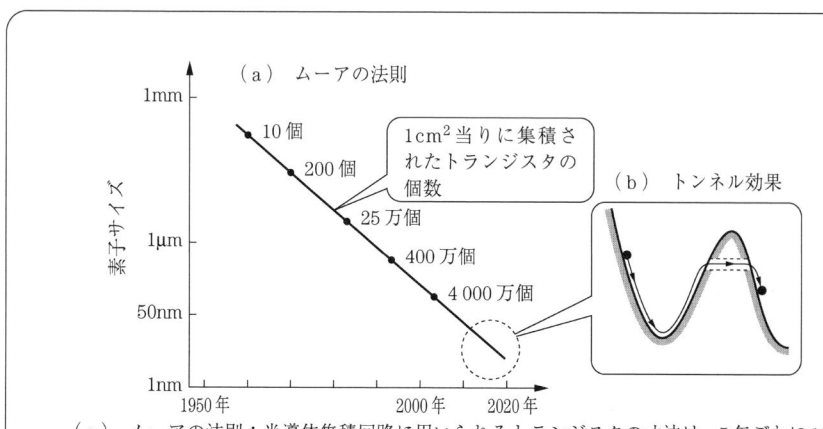

(a) ムーアの法則：半導体集積回路に用いられるトランジスタの寸法は，5年ごとに10分の1になる割合で指数関数的に小さくなってきた．
(b) トンネル効果：ナノメートルサイズの領域では，電子が電子波としてポテンシャル障壁をすり抜ける（p.63）．

図1.3　ムーアの法則とトンネル効果

性が劣化してしまう．そこで，このように小形化の障害となっていた量子力学的な効果，つまり量子効果をむしろ積極的に利用する方策がとられている．すなわち，1個の電子を制御することによって，従来のトランジスタをしのぐ高速動作や低消費電力を可能にする単一電子トランジスタの開発研究が行われている．

量子効果ナノデバイスの代表ともいうべき単一電子トランジスタをも含め，これまでに開発または研究されてきた半導体デバイスでは，電子が持つ電荷だけを利用して電流を制御していた．ところが，近年，電子が持つ磁化，すなわちスピン磁気モーメントをも利用した新たなデバイスを開発する**スピントロニクス**（spin electronics の短縮形）という分野が急速に発展している．スピントロニクス素子として一番研究が進んでいるのは，トンネル効果で磁性体を流れるトンネル電流の値が電子のスピンの方向で変わるスピントンネル磁気抵抗効果を利用したデバイスである．既にスピントンネル磁気抵抗効果を利用した超高感度な磁気ヘッドが実用化され，コンピュータの超高密度ハードディスクに実装されている．また，スピントンネル磁気抵抗効果を利用した**MRAM**（magnetic random access memory）と呼ばれる次世代の超高密度メモリを開発する研究が盛んに行われ，実用段階に達しつつある（**図1.4**）．更に，トランジスタ中を流れる電子のスピンを磁場で制御して新規な機能を発現するスピントランジスタも試作されている．

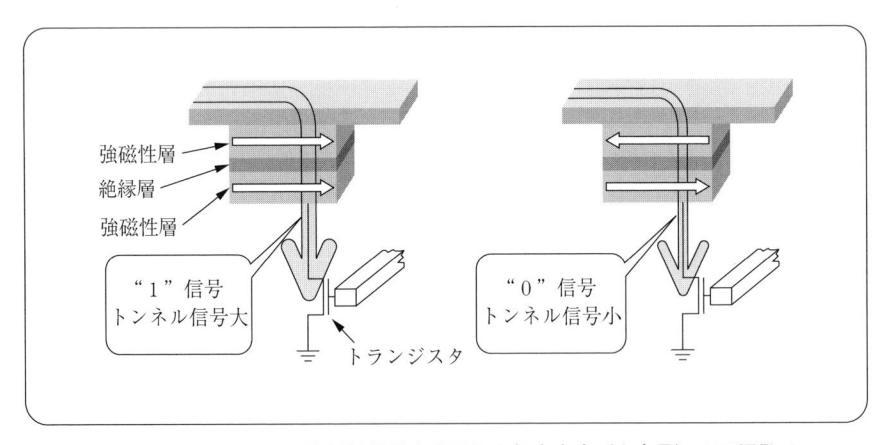

図1.4　スピントンネル磁気抵抗効果を利用した超高密度（大容量）の不揮発メモリMRAMの構造．記憶素子は絶縁層をはさんだ二つの強磁性層で構成され，絶縁層をトンネル電流が流れる．二つの層のスピンが平行な場合（磁気抵抗効果が小さいのでトンネル電流が大きい）と，反平行な場合（磁気抵抗効果が大きいのでトンネル電流が小さい）をそれぞれ"1"，"0"信号に対応させて記録する．

トランジスタのみならず，さまざまな電子デバイスを作り出して，こんにちのIT社会を実現させた**電子物性工学**では，量子力学によって解明された電子の物質中での性質（すなわち電子物性）を利用している．図1.2の左上部に示したように，電子物性工学で用いられる半導体，磁性体，超伝導体などの基本原理は量子力学に立脚している．半導体の原理は，量

子力学を結晶中の電子に適用して導かれたバンド理論によっている．また，コンピュータのハード磁気ディスク媒体や，高周波回路に不可欠のインダクタ（磁気コア）に用いられる磁性材料の基本となる磁性理論も量子力学に立脚している．更に，さまざまな工学的応用にも用いられる超伝導体の原理は量子力学によらねば説明できない．量子光学（量子エレクトロニクス）で扱うレーザは，光と物質の間で起きる量子力学的な現象を利用している．

1.3 量子力学のルーツ

現代の科学と技術を飛躍的に進歩させた量子力学は，20世紀の初めに生み出された．量子力学が誕生するまでの"逆さ概説史"を**図1.5**に示す．

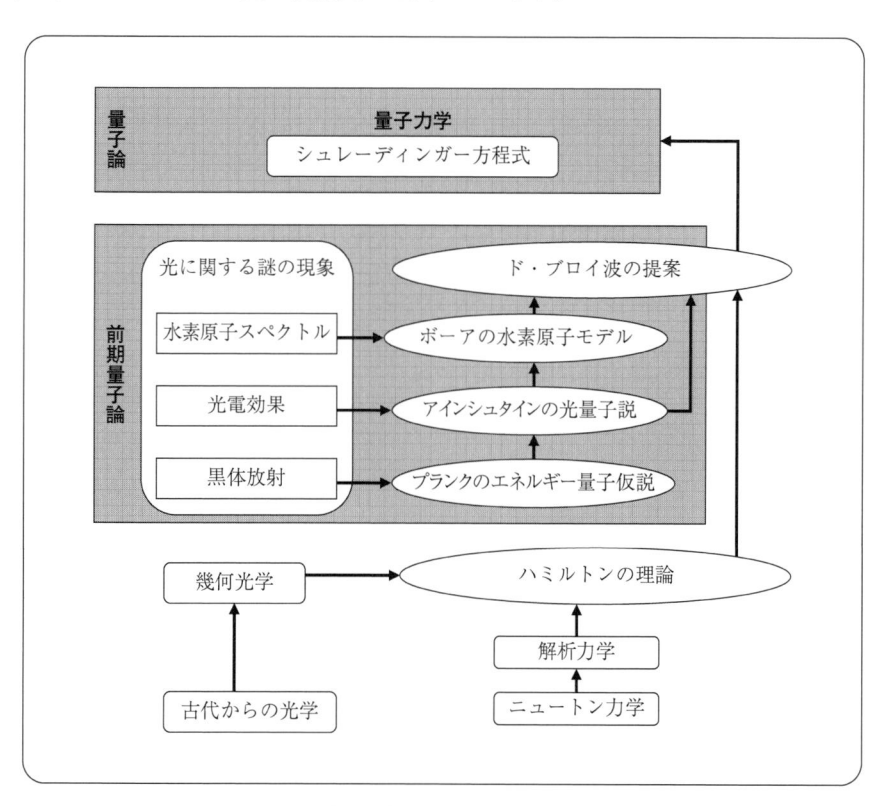

図1.5 量子力学誕生までの"逆さ概説史"

量子力学のルーツは，ニュートン力学のみならず，古代より人類が進歩させてきた光学にまでさかのぼる．直接的には，光に関する不思議な現象（黒体放射，光電効果，水素原子

スペクトルなど）を説明するために20世紀初頭につくられた**前期量子論**と総称されている暫定的な理論から生み出された．**量子論**とは，量子力学にもとづいて物理現象を解明しようとする理論の総称である．量子力学によらない物理理論を**古典論**（または古典物理学）という．前期量子論では，古典論では許されない仮定を導入しながら，計算は古典論に従うという中途半端な立場から，古典論では説明できなかった光に関する謎の現象を説明した．このような矛盾を解決し，論理的に一貫した理論として量子力学が1930年代に誕生したのである．

古典力学におけるニュートンの運動方程式に相当する量子力学の基本方程式は，**シュレーディンガー方程式**と呼ばれる．その発見者，エルヴィン・シュレーディンガーは，物質波（ド・ブロイ波）を提案したド・ブロイ（de Broglie）の議論を発展させて方程式を導き出した．

そのド・ブロイは，「水素原子スペクトル」の謎を説明したニールス・ボーアの「水素原子模型」と，アルバート・アインシュタインが提唱した「光量子説」を結びつけることによってド・ブロイ波を提案した．ド・ブロイは，彼より100年前にウィリアム・ハミルトンが「幾何光学」と「解析力学」（ニュートン力学を発展させた数学的な体系）を結びつけた研究業績からヒントを得て物質波を思いついたのである．

このように量子力学のルーツが光学と深く結びついていることを，次章でさらに詳しく学ぶ．

本章のまとめ

❶ **量子情報工学** 　量子力学の未解決問題（観測理論）から生まれた最先端技術（図1.2）

❷ **量子効果を利用した最先端・電子デバイス**
　（1） 単一電子，単一光子を利用するデバイス
　（2） 電子の電荷と磁性（スピン）を利用するスピントロニクス・デバイス

❸ **量子力学による刷新** 　物理，化学，生物学——物質，生命，宇宙および，IT社会をつくりだした．

❹ **量子力学の誕生** 　光学と力学の学際的研究から生まれた（図1.5）

●理解度の確認●

問1.1　量子力学を生み出した直接のきっかけは何か．また，量子力学を作り上げるうえで重要なヒントを与えたものは何か．

問1.2　"とっつきにくい"量子力学に親しむにはどうすればよいか．

2 光から生まれた量子力学

　本章では，まず，20世紀初頭に光に関する不思議な現象を解明しようとする研究から「量子」と「粒子・波動の二重性」の概念が提案されたことから出発して，量子力学の基本法則であるシュレーディンガー方程式が発見されるまでの経緯を学ぶ．

　シュレーディンガーは，19世紀にハミルトンが明らかにした光と粒子の類似性にもとづいて，直感的な洞察からシュレーディンガー方程式を導き出した．方程式の正しさは，その後，ミクロ世界の現象を見事に説明できることによって示された．物理学の理論は，データや論理だけから必然的に（いやおうなしに）導かれるのではない．自然現象をうまく説明できる仮説として考え出され，実測結果と一致するから支持されるのである．シュレーディンガー方程式もその例外ではないことを学べば，量子力学が受け入れやすくなると期待している．

2.1 光に関する謎──量子力学誕生のきっかけ

光は古代から人々の興味と関心の的であり、科学を生み出す原動力となってきた。古典力学を超える量子力学を生み出した直接の契機は、19世紀末に物理学者を悩ませていた、光に関する不思議な現象を説明しようとする努力に求められる。

2.1.1 黒体放射とプランクのエネルギー量子仮説

量子論が誕生したきっかけには、19世紀にドイツで栄えた製鉄業が関連している。当時は溶鉱炉の温度を、炉にあけた小穴から、炉の光の輝き具合を見て経験的に判定していた（図2.1(a)）。

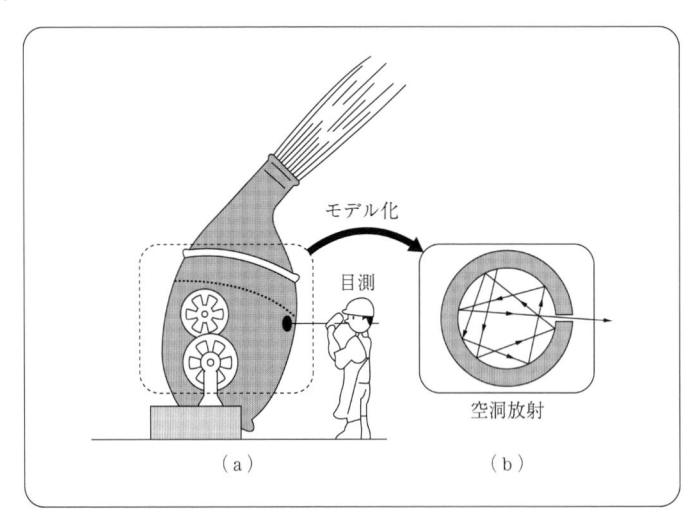

図2.1 溶鉱炉の温度を小穴から目測する様子と空洞放射

このような経験によらず厳密に溶鉱炉の温度を決めるために、ある温度で物体から放射される光（電磁波）のスペクトルを式で表すことが、19世紀のドイツにおける物理学の主要な研究テーマであった（**スペクトル**とは、光に関連した物理量を波長または振動数の関数として示したもの）。

キルヒホッフ（電気回路の「キルヒホッフの法則」の発見者）は、溶鉱炉を壁で囲まれた空洞でモデル化し、そこに開けた十分小さな穴を通して出る光（電磁波）のスペクトルは、

壁の材質に依存せず温度だけで決まることを示して，これを**空洞放射**と名づけた（図(b)）．また，そのスペクトルは，すべての波長の光（電磁波）を完全に吸収する物体，すなわち彼が**黒体**と呼んだ理想的な物体から放射される光のスペクトルと同じであることをも示した（黒体のイメージとして，真っ黒な炭を思い浮かべればよい．高温で赤く輝く）．図(b)の小穴から入った光は，波長に関係なくすべて，空洞の壁を何度も反射するうちに吸収されるので，小穴から覗いた空洞の壁は黒体の条件（完全吸収）を満たしている．それゆえ，空洞放射は**黒体放射**とも呼ばれる．当時の古典物理学では，全波長領域にわたって黒体放射スペクトルの実験データを説明することができなかった．

黒体放射のエネルギー密度スペクトル $I(\nu, T)$ を，**図2.2**に示す．

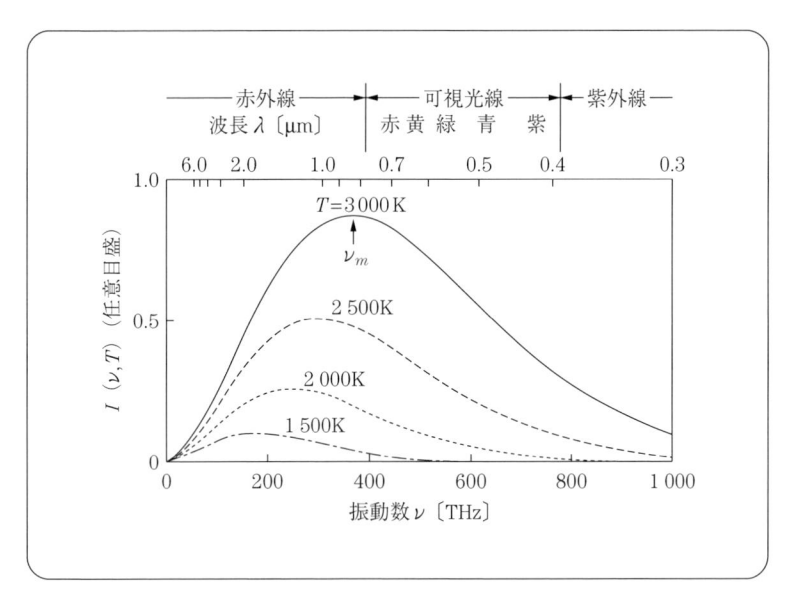

図2.2 黒体放射のエネルギー密度スペクトル

絶対温度 T の黒体から単位時間に放射される電磁波のうち，振動数が ν と $\nu + d\nu$ の間にある電磁波からの寄与が $I(\nu, T)d\nu$ で与えられる．$I(\nu, T)$ は，ある振動数 ν_m で極大値をとる．この ν_m は温度とともに大きくなる．したがって，物体を熱すると，まず波長 $\lambda(\propto 1/\nu)$ の長い，赤い光で輝き始め，更に高温になると短波長の光を発して黄色っぽくなり，ついに白熱状態に達する．

古典論（電磁気学と熱統計力学）を用いて，ウィーン（Wien）は

$$I(\nu, T) = \frac{2\pi k_B \beta \nu^3}{c^2} \Big/ \exp\left(\frac{\beta \nu}{T}\right) \quad \text{〔ウィーンの公式〕} \tag{2.1}$$

c：光の速さ，k_B：ボルツマン定数，β：実測と合うように定める定数

12　2. 光から生まれた量子力学

を導き出した（1896年）．

その後，レイリー（Rayleigh）とジーンズ（Jeans）は

$$I(\nu, T) = k_B T \frac{2\pi\nu^2}{c^2} \quad \text{〔レイリー・ジーンズの公式〕} \tag{2.2}$$

を得た[†]（1900年）．

式(2.1)を ν で微分して0とおくことによって $\nu_m = 3T/\beta$ が得られる．それゆえ，ウィーンの公式は，スペクトルのピーク周波数が温度とともに短波長（高振動数）側にシフトする実験データをうまく説明することができ，また，短波長領域のデータとよく一致した．しかし，長波長領域では実測値からずれた（**図2.3**）．

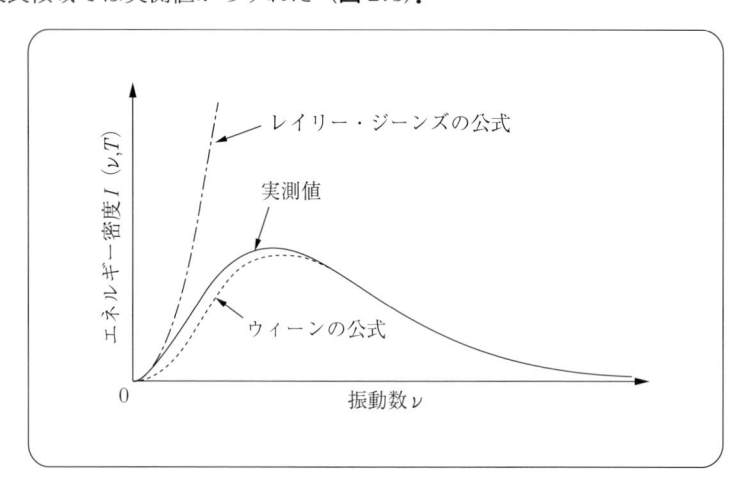

図2.3　黒体放射の実測値と理論式による計算結果

一方，レイリー・ジーンズの公式（式(2.2)）は，ν が0に近い領域だけでしか実測と一致しなかった．ν が大きな短波長領域では，実測から大きくかけ離れ，$\nu \to \infty$ としたときに無限大に発散した．

この謎を解くために，マックス・プランクは，式(2.1)と式(2.2)をつなぐ補完式，つまり，$\nu \to \infty$ で式(2.1)に，$\nu \to 0$ で式(2.2)になるような数式を探索した．苦心の末，式(2.1)の右辺の分母に -1 を付け足して

$$I(\nu, T) = \frac{2\pi k_B \beta \nu^3}{c^2} \Big/ \left\{ \exp\left(\frac{\beta\nu}{T}\right) - 1 \right\} \tag{2.3}$$

とすればよいことを思いついた（**問2.2**）．彼は，実験から求められた定数 β とボルツマン定数 k_B との積を h で表し，$h = k_B \beta$ とおいた．この h を用いると，式(2.3)は

[†] 彼らは，空洞の内部に存在している電磁波の定常波，すなわち固有振動モード（後出の図2.17参照）のエネルギーを計算した．電磁波の固有振動モードは，そのエネルギーが，古典力学における調和振動子（ばねにつるされたおもり）の運動エネルギーと同様の数式で表されるので，**調和振動子**と呼ばれる[1]（肩付き数字は，巻末の引用・参考文献の番号を表す）．

$$\boxed{I(\nu,\,T) = \frac{2\pi\nu^2}{c^2} \cdot \frac{h\nu}{\exp(h\nu/k_B T) - 1}} \quad \text{〔プランクの公式〕} \quad (2.4)$$

となる．これはプランクの公式と呼ばれ，全振動数領域で実測値とよく一致した．また，h は，解析力学に登場する作用量積分（後出の式(2.22)）と同じ次元（運動量×長さ，またはエネルギー×時間）をもつので，プランクは h を**作用量子**と呼んだ．h はあとに彼の名に因んで**プランク定数**と呼ばれるようになった．その値は，$h \fallingdotseq 6.626 \times 10^{-34}$ J·s である．

直感的な洞察から式(2.4)に達したプランクは，その奥に隠された物理的意味を探し求めた．不眠不休の努力をして，ついに彼は，電磁波（詳しくはその固有モード，前頁の脚注参照）のエネルギーが

$$\boxed{E = h\nu,\, 2h\nu,\, 3h\nu,\, \cdots,\, nh\nu,\, \cdots} \quad \text{〔プランクの量子仮説〕} \quad (2.5)$$

のように，一定値 $h\nu$ の整数倍の不連続な値しかとり得ないと仮定することによって，式(2.4)が得られることを見いだした[1]．これが**プランクの（エネルギー）量子仮説**である．

古典論（電磁気学）では，電磁波のエネルギー E は，その電界の振幅 F の2乗に比例し

$$E = \varepsilon_0 F^2 \quad (\varepsilon_0 : \text{真空の誘電率}) \quad (2.6)$$

で表され，F の値を変えることによって連続的に任意の値をとることができる．しかし，プランクは，これに反する大胆な仮定を直感的に思いついて，黒体放射のスペクトルを説明することに成功したのである．

プランクは，物質が原子（atom：不可分の意）という最小単位から不連続的に構成されているのと同様に，エネルギーも $h\nu$ という不可分の最小単位から不連続的に構成されていることを提唱し，そして $h\nu$ を**エネルギー量子**（energy quantum）と呼んだ．量子と訳されている quantum は一定量を意味するラテン語であり，量子力学（quantum mechanics）の語源となった．

プランクは，黒体放射から，量子力学の重要な基本原理の一つであるエネルギーの量子化に到達したが，その真意を解明することはできなかった．それをなしとげたのは，アインシュタインであった．

2.1.2 光電効果とアインシュタインの光量子説

アインシュタインは，相対性理論[†]から発想して，光は，エネルギー

[†] 相対性理論では，エネルギー E は質量 m と等価であり，$E = mc^2$ が成り立つ．これを式(2.7)と等しいとおいて，$m = h\nu/c^2$ を得る．この m を $p = $ 質量×速度 $= mc$ に代入して式(2.8)を得る．

$$E = h\nu \quad \text{〔光子のエネルギー〕} \tag{2.7}$$

と運動量

$$p = \frac{h\nu}{c} = \frac{h}{\lambda} \quad \text{〔光子の運動量〕} \tag{2.8}$$

をもった粒子として振る舞うことを提唱した（1905年）．そして，電磁波の固有モードのエネルギーには，n 個の光子が対応していると考えてプランクの量子仮説（式 (2.5)）を説明した．アインシュタインはこの粒子を**光量子**（light quantum）と呼んだが，のちに**光子**（photon）と呼ばれるようになった．彼は，この光量子仮説の正しさを示すために，当時謎とされていた光電効果をとりあげた．

光電効果とは，図 2.4 に示すように，金属を陰極として直流電圧をかけ，そこに光を当てると表面から電子（光電子と呼ぶ）が飛び出す現象である．19世紀末に発見され，こんにちでも光電管や光電子増倍管など，光を電流に変換して検出するデバイスに応用されている．

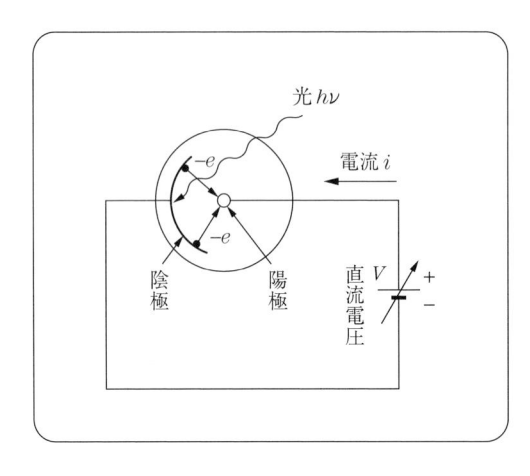

図 2.4 光電効果の実験

金属中の電子は光のエネルギーを受けて外部に飛び出すが，負の電荷をもつので，正電位の陽極に集められ，光電流 i が流れる．光の強度（エネルギー）I が強いほど多くの電子が飛び出し，i は I に比例する．ところが，光の振動数 ν が特定の振動数 ν_c より小さい，すなわち

$$\nu < \nu_c \tag{2.9}$$

であると，いかに I が強くても光電流が流れないことが実験で示されていた．ν_c を**限界振動数**という．古典論では，電子は光（電磁波）の電界によって揺り動かされて得た運動エネルギーによって金属の外に飛び出すので，どのような波長の光でも，電界の振幅を大きくして光のエネルギー（式(2.6)）を強くすれば必ず光電流が流れるはずである．

この矛盾を解決するためにアインシュタインは，次のように唱えた．光は，通常はマクスウェルの方程式に従う電磁波として振る舞うが，光電効果のように，光が発生または消滅す

るような現象では，エネルギー $h\nu$ をもった光子として挙動する．このため，一つの光子の持つエネルギー $h\nu$ が，そっくり1個の電子に吸収される．ところで，金属の内部で電子は，自由電子として，図2.5に示すように連続的に分布したエネルギーを持っている．

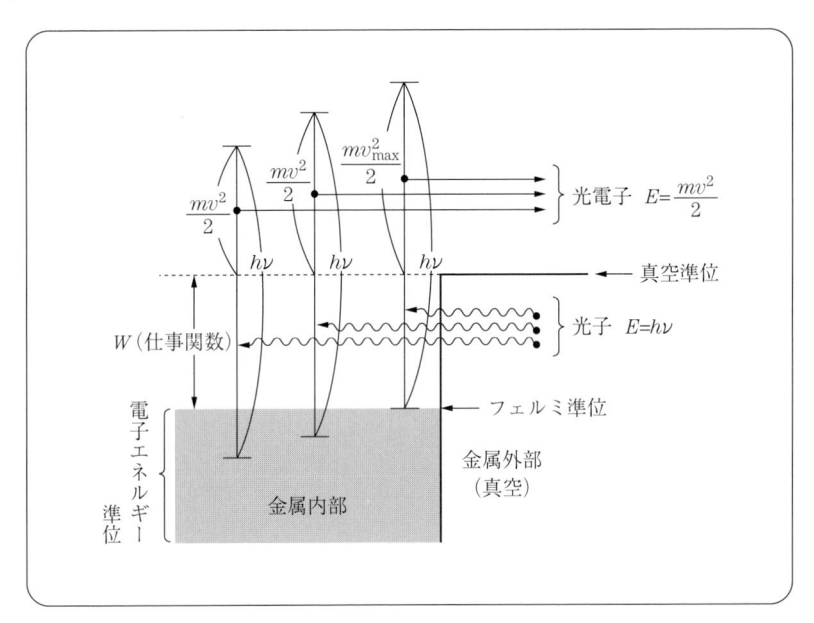

図2.5 光電効果における光子エネルギー（$h\nu$）と光電子の運動エネルギー（$mv^2/2$，その最大値が $mv_{max}^2/2$）

そこで，金属の内部で最も高いエネルギー準位（**フェルミ準位**という）にいた自由電子が，光子からエネルギー $h\nu$ を吸収したときに最大の速度 v_{max}，したがって最大の運動エネルギー $mv_{max}^2/2$ をもって外部（真空）に飛び出す．ただし，外部のエネルギー準位（**真空準位**という）は，フェルミ準位より仕事関数 W だけ高いので，最大の運動エネルギーは

$$\frac{mv_{max}^2}{2} = h\nu - W \tag{2.10}$$

となる．この式の左辺は正であるから，$h\nu - W > 0$，すなわち振動数 ν が限界振動数

$$\nu_c = \frac{W}{h} \tag{2.11}$$

より大きくなければ光電子は放出されない．図2.5に示した金属内の自由電子をプールの水に例えれば，水をプールの外に取り出すには，水に対して，水面とプールサイドまでの段差 W 以上に持ち上げるエネルギーを与えなければならないのと同様である．

アインシュタインは，空洞放射でも，空洞の表面で光子が消滅・生成され，$h\nu$ を単位としてエネルギーの受け渡しが行われるので，空洞内の電磁波（定常波）のエネルギーが $h\nu$ の整数倍の値をとると提案し，空洞放射に関するいろいろな法則を説明することに成功した．

光子が運動量の量子（$h\nu/c$）を持つことは，波長の短い光であるX線に関する**コンプトン効果**によって示された（1924年）．コンプトン効果は，X線を物体に当てて散乱されて出

てきたX線のなかに，元の波長よりわずかに長い波長のものが含まれる現象である．コンプトンは，X線が元素の電子と衝突するときは，アインシュタインが提唱したように，エネルギー $h\nu$（式(2.7)）と運動量 $h\nu/c$（式(2.8)）を持った光子として振る舞うと仮定した．そして，図2.6 に示すように，X線光子と電子が，玉突きのように完全弾性衝突（衝突の前後で系のエネルギーと運動量が保存される）を起こすとして，古典力学に従って，X線光子のエネルギー変化（減少）を計算した（詳細は一般物理学の教科書などを参照）．これから求めた散乱X線の波長変化は実測データとよく一致した．

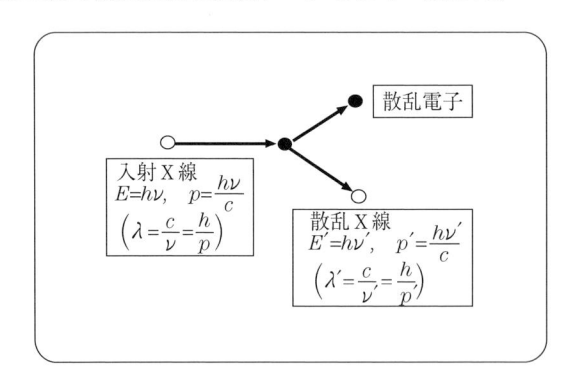

図 2.6 コンプトン効果における"玉突き"モデル

コンプトン効果では，X線の光子は，そのエネルギーの一部だけを電子に与え，その分だけ波長が長くなる．一方，光電効果では，1個の光子の光子エネルギーが全部1個の電子に吸収され，光子は消滅する．このような違いはあるが，コンプトン効果は，光電効果とともに光が粒子として振る舞うことをはっきりと示したので，量子力学の誕生に非常に重要な役割を果たした．

2.1.3　水素原子スペクトルとボーアの原子模型

プランクの量子仮説（式(2.5)）によれば，ミクロ世界では整数（量子数）が重要な役割を果たしている．原子の世界で整数が登場することは，だいぶ以前にバルマーらによって，水素原子のスペクトル線の研究から示唆されていた．すなわち，水素原子の（輝）線スペクトルの波長の逆数，つまり波数は，二つの整数，m，n を用いて

$$\frac{1}{\lambda} = R_H\left(\frac{1}{n^2} - \frac{1}{m^2}\right) \quad (m, n = 1, 2, 3, \cdots ;\ m > n) \tag{2.12 a}$$

$$R_H = 1.096\,776\,91 \times 10^7\,\mathrm{m^{-1}}\ \text{（水素のリュードベリ定数）} \tag{2.12 b}$$

と表されることが見いだされていた．スペクトル線の波長が，整数によって定められるということは，原子の状態に整数が関連していることを暗示している．しかし，古典論ではその

ように整数が現れることは期待できない．

1910年に行われたラザフォードのα線（Heの原子核）の散乱実験から，正電荷を持った重くて小さな芯（原子核）の周りを負電荷を持った軽い電子が回転しているという原子モデルが提案されていた（図2.7）．

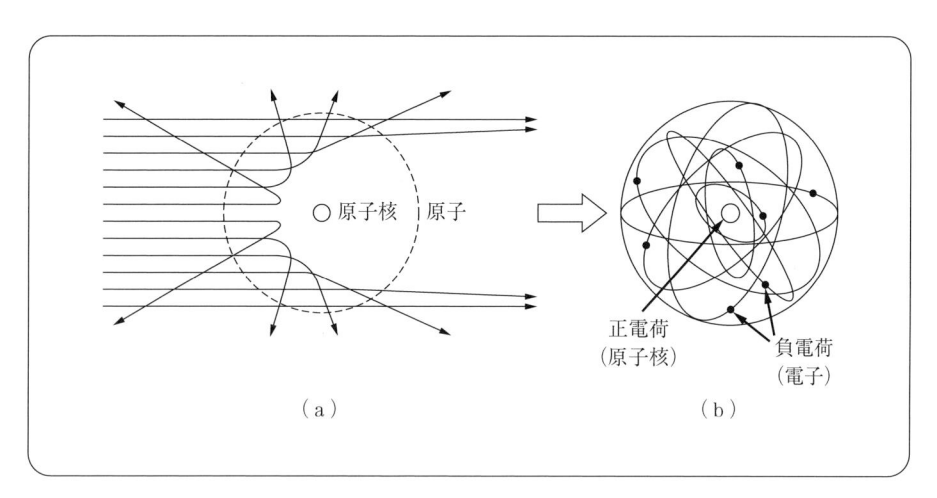

図2.7 ラザフォードのα線の散乱実験と，それから導かれた原子模型．図(a)のように，正電荷を持ったα粒子が90°以上の角度まで大きく曲げられたので，図(b)のように中心に正電荷が局在し，その周りを電子が回転しているラザフォード・ボーアの原子模型が提案された．

しかし，このようなモデルでは，古典論（電磁気学）によれば，原子核の作る電界中で電荷を持った電子が加速度運動（円運動）を行うので，電子はアンテナのように電磁波（この場合は光）を放出して原子核に落ち込んでしまう（図2.8）．

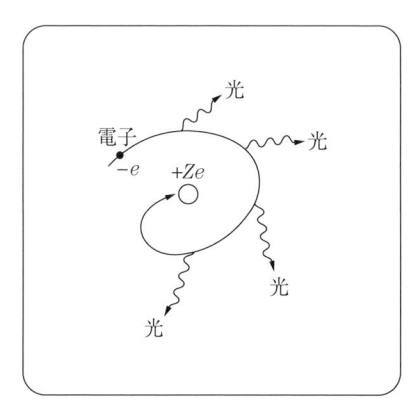

図2.8 古典論（電磁気学）によると，原子核（正電荷）の周りを電子（負電荷）が回転するような原子模型では電子が電磁波を発して原子核に落ち込む．

この難問を克服して，水素原子スペクトルを説明するためにボーア（Bohr）は，古典論では許されない，次のような仮説を導入した（1913年）．

電子は，**定常軌道**と呼ぶ特定の安定な軌道の上だけを運動し，定常軌道上を運動する限り光を放出しない．電子が一つの定常軌道から，他の定常軌道へ移るときだけ，光が吸収また

は放出される（**図 2.9**）．変化する前後の原子のエネルギーを E_n および E_m とすると，アインシュタインの光量子仮説（式(2.7)）に従い，光の振動数 ν は

$$h\nu = |E_n - E_m| \quad \text{〔振動数条件〕} \tag{2.13}$$

で与えられる．これをボーアの**振動数条件**という．

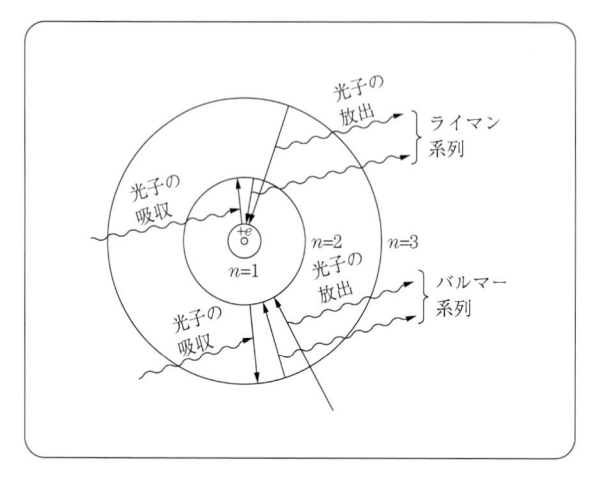

図 2.9 水素原子の定常状態間の遷移によって光子が吸収または放出される．

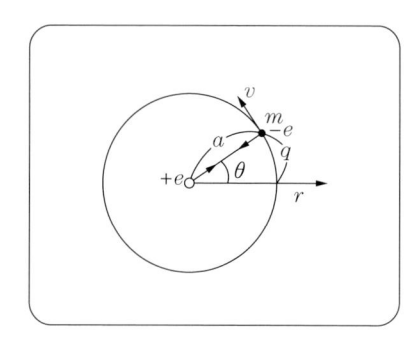

図 2.10 ボーアの原子模型

更に，ボーアは，定常軌道は円軌道であり（**図 2.10**），その上を電子が速度 v で等速回転すると考えた．

定常軌道の半径は，量子数と呼ぶ自然数 n を用いて

$$\oint p dq = \int_0^{2\pi} mva_n d\theta = 2\pi mva_n = nh \quad (n = 1, 2, 3, \cdots) \tag{2.14}$$
〔定常軌道の条件〕

という関係を満たす a_n だけが許されると仮定した．これは，ボーアの**量子化条件**，または**定常軌道の条件**と呼ばれる．そして，量子数 n を持つ定常軌道の半径 a_n とエネルギー ［= 運動エネルギー $(mv^2/2)$ ＋ ポテンシャルエネルギー $(-e^2/4\pi\varepsilon_0 a_n)$］を，古典力学によって

$$a_n = \frac{\varepsilon_0 h^2}{\pi m e^2} n^2 = a_0 n^2 \quad \text{〔水素原子の軌道半径〕} \tag{2.15}$$

$$a_0 = \frac{\varepsilon_0 h^2}{\pi m e^2} = 0.529 \times 10^{-10} \text{ m} = 0.529 \text{ Å} = 0.0529 \text{ nm} \quad \text{〔ボーア半径〕} \tag{2.16}$$

$$E_n = -\frac{e^2}{8\pi\varepsilon_0 a_n} = -\frac{me^4}{8\varepsilon_0^2 h^2} \cdot \frac{1}{n^2} \quad \text{〔水素原子エネルギー〕} \tag{2.17}$$

2.1 光に関する謎——量子力学誕生のきっかけ

と計算した（他書を参照）．ここで，a_0 は最小の軌道半径であり，**ボーア半径**と呼ばれる．このようにして求めた E_n（式(2.17)）を式(2.13)に代入することによって

$$\frac{1}{\lambda} = \frac{\nu}{c} = \frac{me^4}{8\varepsilon_0^2 h^3 c}\left(\frac{1}{n^2} - \frac{1}{m^2}\right) = R_H\left(\frac{1}{n^2} - \frac{1}{m^2}\right) \tag{2.18}$$
〔水素原子スペクトルの法則〕

すなわち，水素原子スペクトルの法則（式(2.12)）が得られた．ここで，リュードベリ定数 R_H は

$$R_H = \frac{me^4}{8\varepsilon_0^2 h^3 c} \quad \text{〔リュードベリ定数〕} \tag{2.19}$$

となるので，$1.097\,373\,2 \times 10^7\,\text{m}^{-1}$ と計算され，式(2.12 b)の実測値とほぼ致した（わずかの差は，電子に対する陽子の相対的な運動による）．

式(2.15)，(2.17)から，電子の定常状態の軌道半径は量子数 n の 2 乗に比例して大きくなり，エネルギー準位（マイナス値）は n^2 に反比例している．

電子が定常状態の間を遷移することによって，そのエネルギーをもった光が放出または吸収される様子を**図 2.11** に示す．$n = 1$ のエネルギーが最も低い状態（**基底状態**）に電子が移ることによって放出される光がライマン系列と呼ばれていたスペクトルに相当し，紫外部に現れる．以下，2 番目の準位に電子が移る場合がバルマー系列（可視部）に，3 番目の準位に移る場合がパッシェン系列（赤外部）に相当する．

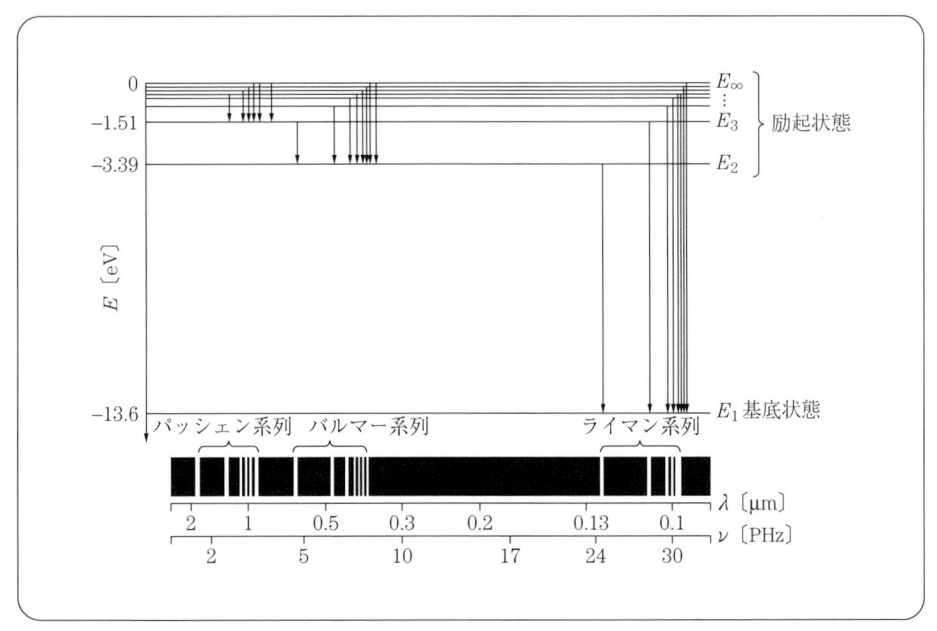

図 2.11 水素原子の定常状態間の遷移によって生じる輝線スペクトルの系列

式(2.17)より，水素原子の基底状態（$n=1$）のエネルギー E_1 は式(2.20)となる．

$$E_1 = -\frac{me^4}{8\varepsilon_0^2 h^2} = -13.6\,\mathrm{eV} \tag{2.20}$$

2.2 ハミルトンの光学理論から生まれた物質波と波動方程式

本節では，ド・ブロイが物質波を提案し，シュレーディンガーがそれを定める波動方程式を導出したいきさつを学ぶ．粒子と波動の二重性を統一的に記述しようとしたド・ブロイとシュレーディンガーは，彼らより100年前の19世紀前半にウイリアム・ハミルトンが光学と力学を統合しようとした業績からヒントを得ている．ここでは，まず，ハミルトンの理論をできるだけ分かりやすくするために現代風にアレンジして紹介してから，ド・ブロイとシュレーディンガーがどのように発想したかを説明する．

2.2.1 粒子と光の統合をめざしたハミルトン

ハミルトンは，解析力学の基礎理論を確立するとともに，幾何光学の分野でも重要な貢献をした．**解析力学**は，ニュートン力学を一般化して，美しい数学的な体系に発展させた学問であり，**幾何光学**は，光の波長 λ より十分大きなスケールで成り立つ近似的な光学理論である．ハミルトンは，幾何光学（光）と解析力学（粒子）の類似性を探求して，幾何光学にも，解析力学のような"美と力と調和"を与えることを願った[2)~4)]．

幾何光学では，光の本質を論じないで，光を粒子のように直進する光線としてとらえ，反射と屈折の法則だけに基づいて光線が進む方向を幾何学的に論じる．**図2.12**（a）に示すように，光が不均質な媒体中の点Aから点Bに伝搬する光路を q としよう．光が進む道筋はいろいろと考えられるが，実際の光路は，屈折率 $n(x,y,z)$ を q に沿って積分した経路積分が最小になる（正確には，まれに最大になる場合もあるので停留値をとる），すなわち

$$\delta \int_A^B n\, dq = 0 \quad \text{〔フェルマーの原理〕} \tag{2.21}$$

が成り立つようなものである．これを**フェルマーの原理**といい，幾何光学の基本式である（フェルマーは17世紀の数学者）．図（b）に示したように，フェルマーの原理は反射と屈折

2.2 ハミルトンの光学理論から生まれた物質波と波動方程式

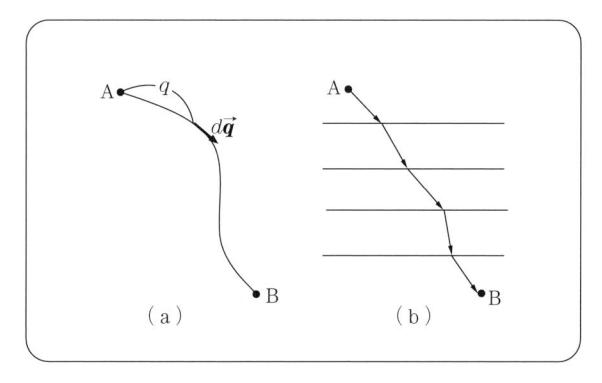

図 2.12 （a） フェルマーの原理における光路，または最小作用の原理における粒子の運動の経路
（b） 媒質を薄い層に分けて，各層で屈折の法則が成り立つことからフェルマーの原理が導かれる．

に関するスネルの法則から導き出すことができ，その逆も可能である（"付録1．フェルマーの原理と蜃気楼"参照）．

　一般に，法則を式(2.21)のようにある物理量（この場合は $n(x, y, z)$ の経路積分）の微小変化 ── すなわち変分 ── がゼロになるという形で表した原理を**変分原理**という．

　一方，解析力学では，エネルギーが一定に保たれる保存場中で，物体はその運動量 $p(x, y, z)$ を運動の経路 q に沿って積分した値が最小となる（停留値をとる）ように進む．すなわち，物体はフェルマーの原理と同様の変分原理

$$\delta \int_A^B p(x, y, z) dq = 0 \quad \text{〔最小作用の原理〕} \tag{2.22}$$

が成り立つような道筋をたどる．これを**最小作用の原理**という．$\int_A^B p dq$ を作用量積分または作用（量）と呼ぶからである．

　最小作用の原理はモーペルテュイ（Maupertuis）によって予測されていたが，ハミルトンは，光に対するフェルマーの原理からヒントを得て，これを証明した．ハミルトンは，更に次のように論じた．

　フェルマーの原理（式(2.21)）で用いられている屈折率 n の経路積分を

$$\Gamma(x, y, z) = \int_A^B n dq = \int_A^B \vec{n} d\vec{q} = \int_A^B (n_x dx + n_y dy + n_z dz) \tag{2.23}$$

とおく[†1]．Γ は**アイコナール**（eikonal）[†2] と呼ばれる．左辺の変数 x, y, z は点 B の座標であり，$\vec{n} = (n_x, n_y, n_z)$ は，光の**伝搬ベクトル**，すなわち伝搬方向と平行（$\vec{n} \parallel d\vec{q}$）で大き

[†1] 通常，ベクトルは **n** または $\vec{n}$ と表記するが，本書では $\vec{n}$ を用いた．
[†2] "eikon" はギリシャ語で像を表し，パソコンのアイコンやロシアの聖画像（イコン）の語源でもある．

さが屈折率と等しい（$|\vec{n}| = n$）ベクトルを表す（$d\vec{q} = (dx, dy, dz)$ は経路のベクトル素片）．式(2.23)から，$\vec{n}$ は

$$\vec{n} = \text{grad}\, \Gamma = \left(\frac{\partial \Gamma}{\partial x}, \frac{\partial \Gamma}{\partial y}, \frac{\partial \Gamma}{\partial z}\right) \tag{2.24}$$

で与えられる．

つまり光の伝搬方向（$\vec{n}$）は，Γ の値が等しい点からなる面——これを**等 Γ 面**と呼ぶ——に直交する（図2.13）．したがって，等 Γ 面は，図2.14 に示したホイヘンスの原理における波面（等位相面）に相当する．

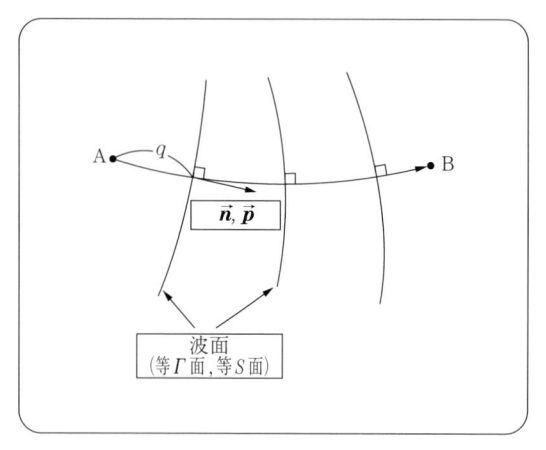

図2.13　等 Γ 面または等 S（または W）面が波面（等位相面）になり，それと直行する方向に光あるいは粒子が伝搬する．

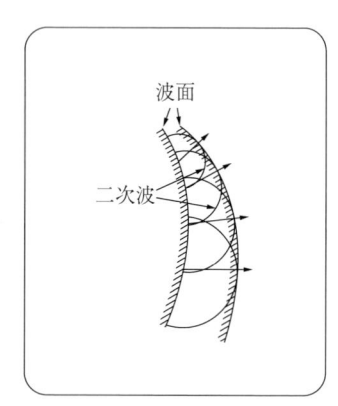

図2.14　不均質な媒質中においてホイヘンスの原理に従って進む光．光の速度が場所に依存するため，光が進むと波面の形が変わるので伝搬方向も曲がる．

同様に，最小作用の原理（式(2.22)）で用いられている経路積分を

$$S(x, y, z) = \int_A^B p\,dq = \int_A^B \vec{p}\,d\vec{q} = \int_A^B (p_x dx + p_y dy + p_z dz) \tag{2.25}$$

と表す．S は**作用量積分**と呼ばれる．式（2.25）から粒子の運動量 $\vec{p}$ は

$$\vec{p} = \text{grad}\, S \tag{2.26}$$

と表されるので，粒子は等 S 面に垂直に進む（図2.13）．

式（2.24）から光に関する微分方程式

$$\frac{\partial^2 \Gamma}{\partial x^2} + \frac{\partial^2 \Gamma}{\partial y^2} + \frac{\partial^2 \Gamma}{\partial z^2} = n(x, y, z)^2 \quad 〔アイコナール方程式〕 \tag{2.27}$$

が得られる．屈折率の場所依存性 $n(x, y, z)$ が与えられれば，式(2.27)を解くことによって Γ，したがって光の伝搬方向（grad Γ）が定まる．そこでこの式は，レンズ系などで光線が作る像を求めるのに用いる重要な幾何光学の基本式となり，ハミルトンの**アイコナール方程式**と呼ばれている[2),3)]．

2.2 ハミルトンの光学理論から生まれた物質波と波動方程式

式(2.25)から，粒子に関する微分方程式

$$\frac{\partial^2 S}{\partial x^2} + \frac{\partial^2 S}{\partial y^2} + \frac{\partial^2 S}{\partial z^2} = p^2 = 2m\{E - V(x,y,z)\} \tag{2.28}$$

が得られる．この右辺ではp^2を保存系で成り立つ関係式

$$E = \frac{p^2}{2m} + V(x,y,z) \tag{2.29}$$

を用いて粒子の質量m，エネルギーE，ポテンシャルVで表した．ポテンシャルの場所依存性$V(x,y,z)$が与えられれば，式(2.28)からSが定まるので，式(2.26)から点B(x,y,z)における$\vec{p}$すなわち粒子の進行方向が決まる．

以上は，ある時刻（$t=0$とおく）における粒子のSと運動量$\vec{p}$を決める方法である．ハミルトンは，さらに，任意の時刻tにおける$\vec{p}$を，粒子のエネルギーEとtを用いて

$$W = S - Et = \int_A^B p\,dq - Et = \int_A^B (p_x dx + p_y dy + p_z dz) - Et \tag{2.30}$$
〔ハミルトンの主関数〕

と定義した「**ハミルトンの主関数**」Wを用いて

$$\vec{p}(t) = \operatorname{grad} W \tag{2.31}$$

と表した．そして，Wが**ハミルトン・ヤコビの方程式**と呼ばれる偏微分方程式

$$\frac{1}{2m}\left\{\frac{\partial^2 W}{\partial x^2} + \frac{\partial^2 W}{\partial y^2} + \frac{\partial^2 W}{\partial z^2}\right\} + V(x,y,z) = -\frac{\partial W}{\partial t} \tag{2.32}$$
［ハミルトン・ヤコビの方程式］

の解として与えられることを示した（"付録2．ハミルトンの原理とハミルトン・ヤコビの方程式"参照）．

ハミルトンは，Wに比例する位相をもつ周期関数である波動関数

$$\Phi \propto \sin[\alpha W] = \sin\left[\alpha\left\{\int_A^B p\,dq - Et\right\}\right] \quad (\alpha：定数) \tag{2.33}$$

を用いて，Φの等位相面（すなわち等W面）に直交して粒子が運動することを示した（図2.13）．つまり，ホイヘンスの原理に従って光が波面に垂直に進むのと同じような数学的形式で粒子の運動を記述することに成功したのである．

ポテンシャルV，したがって運動量pが極端に激しく変化しなければ，運動の軌跡のごく短い範囲では，軌跡は直線とみなせるのでpを一定と近似して，式(2.33)で

$$\int_A^B p\,dq \fallingdotseq pq \tag{2.34}$$

とおける．このとき，粒子の波動関数は

$$\Phi \propto \sin[\alpha\{pq - Et\}] \tag{2.35}$$

と近似される．式(2.35)を，屈折率 n が一定である均質な媒質中を直線的に伝搬する光（波長 $\lambda = c/n\nu$，振動数 ν）の波動関数

$$\Phi \propto \sin\left[2\pi \frac{q}{\lambda} - 2\pi\nu t\right] \tag{2.36}$$

と比べると

$$p \Leftrightarrow 2\pi/\lambda \tag{2.37 a}$$

$$E \Leftrightarrow 2\pi\nu \tag{2.37 b}$$

という対応関係が成り立っていることをハミルトンは見いだした．

仮に，式(2.35)の定数を $\alpha = 2\pi/h$ とおくと，$p = h/\lambda$ および $E = h\nu$，すなわちド・ブロイ波長（後出の式(2.38)）と光子のエネルギー（式(2.7)）が得られる．しかし，当時は，光と粒子をこのように結びつける物理的な現象が知られていなかった．また，粒子の速度 p/m と光の速度 c/n の対応関係が不明であったため，人々はハミルトンの理論に対して冷淡であった．

ハミルトン自身も，光の本質には関心を寄せなかった．そして彼は光の波動説と粒子説に立ち入らずに，波動関数を用いて粒子の運動を記述できたことに満足した．このためハミルトンの理論は，単なる数学的な形式上の類似にすぎないとみなされ，人々の関心は彼の解析力学の成果にのみ注がれた．その結果，ハミルトンは，力学の分野では解析力学の構築者として輝かしい名声をとどめたが，光学の分野ではしばしばその名が忘れられた．こんにち，光学の教科書で，アイコナール方程式を扱っていてもハミルトンの名が記されていないものが見受けられる．

2.2.2　ド・ブロイ波の提案

20世紀に光と粒子を結ぶプランク定数 h が発見され，ハミルトンの理論は古典力学と量子力学を橋渡しするものであることがド・ブロイによって明らかにされた．

ド・ブロイは，最初，文学部で歴史学を学んだ．彼の兄はX線の実験的研究を行い，X線を波動と粒子の結合物と考えていた．彼は，兄とこの問題について議論するうちに物理学やその哲学的な問題に魅了され，進路を物理学に転向した．

ド・ブロイは，ハミルトンが提案した粒子の運動を導く波動（図2.13）を，運動する粒子から放射される弾性波の伝搬と類比させて，相対論的な議論を行い，運動量 $p\,(= mv)$

を持つ粒子は，式(2.37 a)から期待されるように，波長

$$\lambda = \frac{h}{p} = \frac{h}{mv} \quad \text{〔ド・ブロイ波長〕} \tag{2.38}$$

を持った波動として進むと提案した（1923年）．彼は，この波動を位相波と呼んだが，後に**物質波**または**ド・ブロイ波**と呼ばれるようになった．また彼は，ハミルトンが考えた位相 W を持つ波（式(2.33)，(2.36)）を，粒子に伴う弾性波と対比させ，粒子の運動に伴う仮想的な波動と呼び，この波の波面，すなわち等 W 面に垂直に物質波が進むと考えた（図2.15）．ただし，ド・ブロイは位相波の位相と仮想的な波動の位相が，粒子の運動によってずれないように，仮想的な波動の波長を λ_0 とすると，図に示したように

$$\lambda_0 = n\lambda \quad (n = 1, 2, 3, \cdots) \tag{2.39}$$

でければならないと唱えた[2]~[4]．

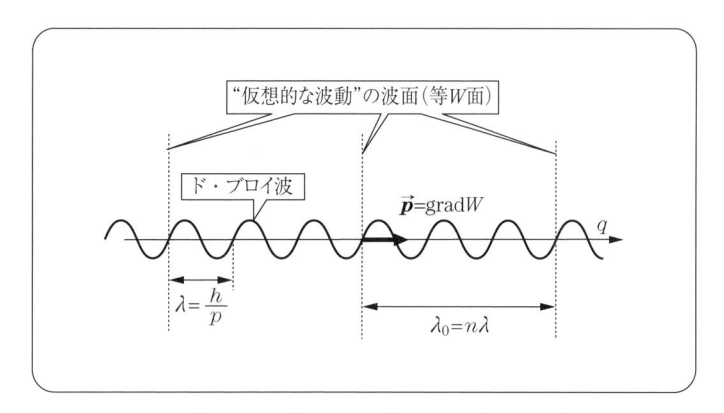

図2.15 ド・ブロイの提案：粒子に伴う物質波（ド・ブロイ波）が"仮想的な波動"の波面に垂直に進む．

更に，ド・ブロイは，ボーアの水素原子模型について次のように論じた．電子が円軌道を1周して元の位置に戻ったときに，仮想的な波動の位相は最初の値と同じでなければならないので，波長 λ_0 は円軌道の長さ $2\pi a_n$，すなわち

$$\lambda_0 = 2\pi a_n \tag{2.40}$$

である．すると式(2.39)，(2.40)から円軌道の長さとド・ブロイ波長 λ の間に

$$2\pi a_n = n\lambda \quad (n = 1, 2, 3) \tag{2.41}$$

という関係が成り立つ．したがって，電子が円軌道を1周すると，物質波はその波長の n 倍だけ進むので，位相が変わらない．つまり物質波は，波の腹と節の位置が時間によらず常に定まっている**定常波**を形成している（図2.16(a)）．これを満たさない波は，円軌道を1周したときに位相が最初の値からずれるので，何度も軌道を巡るうちに打ち消しあって（干渉

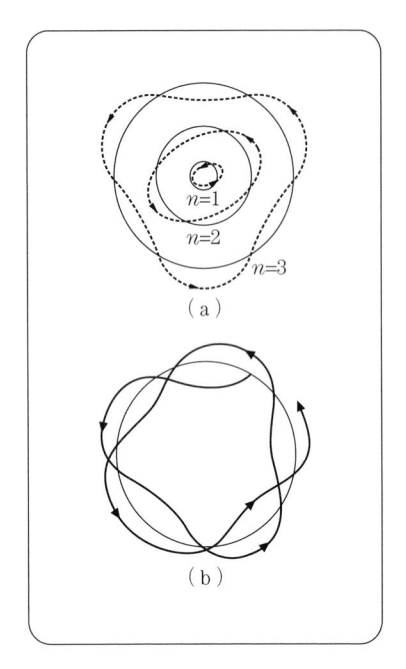

図2.16 （a）ド・ブロイ波がボーアの水素原子模型で定常波（波長 $\lambda_n = 2\pi a_n / n$）をつくる．
（b）定常波でない波は干渉によって消滅する．

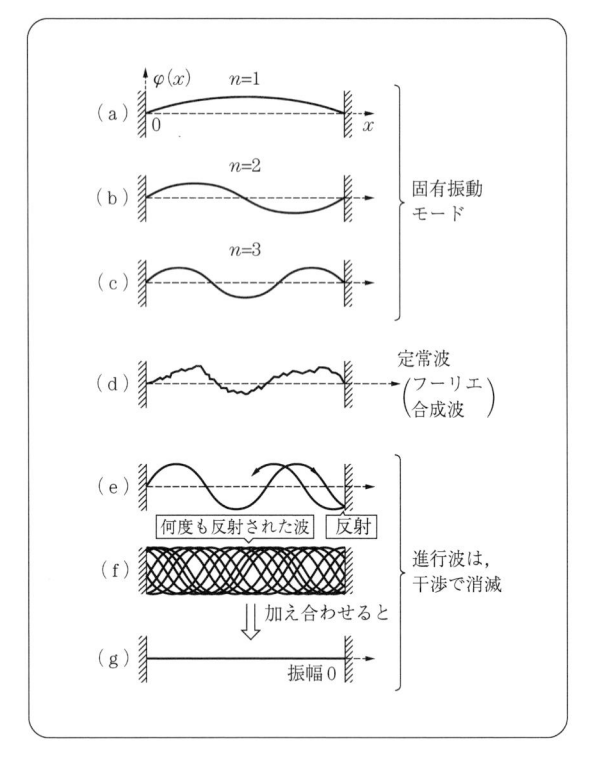

図2.17 両端を固定した弦の固有振動モードと，定常波および進行波．定常波は，固有振動モードの重ね合わせ（フーリエ合成）で与えられる．

して）消滅してしまう（図(b)）．ちょうど弦の振動で，弦の長さの 2 倍 = $n\lambda$ である定常波，すなわち固有振動の波だけが存在し得るのと同じである（**図 2.17**）．それゆえ，ボーアが導入した量子数 n は，仮想的な波の固有振動モードの番号（すなわち腹の数）に対応しているとド・ブロイは考えた．式(2.41)はボーアの定常軌道の条件（式(2.14)）と一致している．

ド・ブロイは，物質波は，その波長より十分小さい構造体によって，光波と同じように回折されるはずであると予言した．間もなく，電子が結晶の原子面によって回折（ブラッグ反射）される現象，すなわち電子線回折が，デビッソンとガーマー，トムソン，菊池正士らの実験によって示され（1927～1928年），物質波の存在が実証された．

ド・ブロイは，$\lambda \fallingdotseq 0$ とみなせる場合の近似理論である幾何光学が，マクスウェルの電磁気学によって，干渉や解析などのミクロな現象でも成り立つ波動光学に進化したように，マクロ世界（$h \fallingdotseq 0$）の解析力学も，ミクロ世界の現象を扱える波動力学に進化しなければならないと唱えた（**図 2.18**）．これを実現したのがシュレーディンガーである．

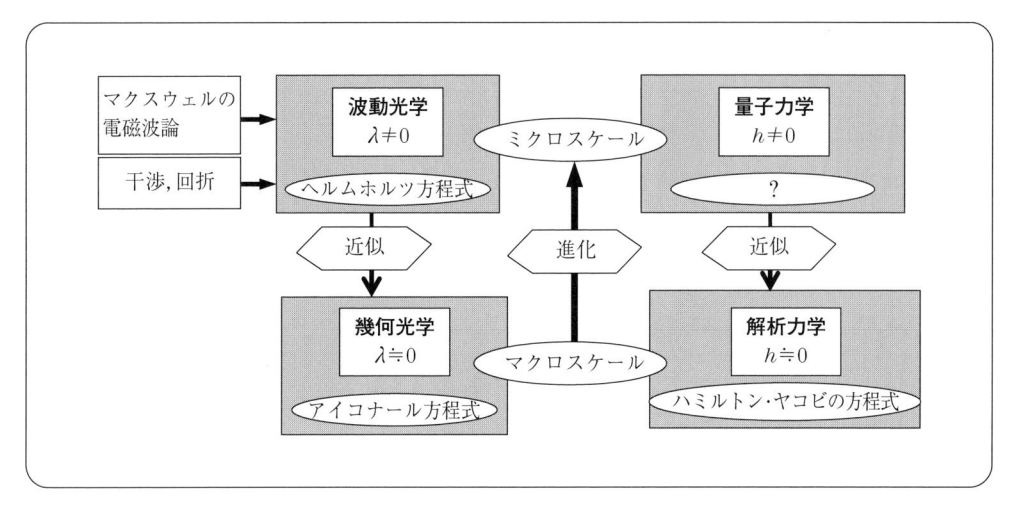

2.2 ハミルトンの光学理論から生まれた物質波と波動方程式

```
[マクスウェルの電磁波論] ─┐
                      ├→ [波動光学 λ≠0]           [量子力学 h≠0]
[干渉, 回折] ──────────┘    (ヘルムホルツ方程式)        (?)
                           │ 近似      ミクロスケール    │ 近似
                           ↓          ↑ 進化           ↓
                        [幾何光学 λ≒0]  マクロスケール  [解析力学 h≒0]
                        (アイコナール方程式)          (ハミルトン・ヤコビの方程式)
```

図 2.18 幾何光学が波動光学に進化したように，解析力学も進化しなければならないというド・ブロイの主張．?に相当するシュレーディンガー方程式が導出され量子力学が生まれた．

☕ 談 話 室 ☕

科学理論の先駆と模倣　ド・ブロイは，「波動力学の真の先駆者はブリュアンである」といっている．ブリュアンはバンド理論のブリュアン帯域を発見した物理学者である．彼は，運動する粒子から発射された弾性波（音波）の位相と粒子の位置の間の関係を研究し，ボーアの定常軌道の条件をこの弾性波の位相と類比させて導き出せる可能性が二つあることを示した．しかし，ブリュアンはそれを発表した論文を，「たぶんこれとは異なる第三の道が存在し，それに沿って若くて大胆な研究者が成功を勝ち取るであろう」と結んだ．これを読んだド・ブロイがそのとおりに成し遂げた．

科学史の分野では，すべての科学理論には先駆的理論があるとされている．20世紀の初期にP．デュエムが，レオナルド・ダ・ヴィンチやガリレイなどの「天才」たちの近代的な力学理論は，中世のスコラ哲学者たちの理論を写した剽窃者にすぎないというセンセーショナルな主張を発表したことから，中世の科学史研究が革新された．しかし，剽窃とは言い過ぎであり，単なる模倣でもなく，「天才」たちは，彼らなりの独創を加えていることが認められている（伊東俊太郎：近代科学の源流, pp.22-23, 中央公論社, 1978年）．

「未熟な詩人は模倣し，熟達した詩人は盗む」（T. S. エリオット）

2.2.3 シュレーディンガー方程式の導出

シュレーディンガーは，1926年に「固有値問題としての量子化 I，II，III，IV」と題する四部作の論文[5]で物質波の方程式を提示した．すなわち，保存系でポテンシャル $V(x, y, z)$ を受けて運動しているエネルギー E，質量 m を持つ粒子の波動関数 $\psi(x, y, z)$ が満たすべき波動方程式として

$$\left(-\frac{h^2}{8\pi^2 m}\nabla^2 + V\right)\psi = E\psi \tag{2.42 a}$$

$$\nabla^2 = \mathrm{div}\cdot\mathrm{grad} = \frac{\partial^2}{\partial x^2} + \frac{\partial^2}{\partial y^2} + \frac{\partial^2}{\partial z^2} \tag{2.42 b}$$

という固有値方程式†を導き出した．これが，時間を含まないシュレーディンガー方程式である．

シュレーディンガーは，水素原子について，電子の波動関数 ψ が物理量として当然満たすべき条件（ψ が連続，有限，1価の関数であり，無限遠で $\psi = 0$）を課して方程式を解いた．そして，固有値 E がボーアの式(2.17)と一致して，整数 $n = 1, 2, 3, \cdots$ で量子化されることを示した．

ボーアは，量子数を天下り的に仮定したが，シュレーディンガーは，波動方程式を解くことによって，ごく自然に量子数を取り出したのである．彼は，この解を用いて，二原子分子の状態や電界中での水素原子の挙動などの実験結果を説明できることを示して，波動方程式の正しさを主張した．

しかし，シュレーディンガーは，第一論文で波動方程式を導いた方法（変分法の一種）は「難解であり，不明瞭である」と自ら認めた．そして第二論文で，力学と光学の類似性に関するド・ブロイの議論を発展させて，波動方程式を次のように導出しなおした．

20世紀はじめには，平面波の光（電磁波）に対する波動方程式であるヘルムホルツ方程式で，$\lambda \to 0$ と近似すると幾何光学のアイコナール方程式（式(2.27)）が得られることが分かっていた．そこで，$\lambda \to 0$ にするとハミルトン・ヤコビの方程式（式(2.32)）に移行するような，ミクロ世界を支配している物質波の方程式（図2.18の右上の ? ）すなわちシュレーディンガー方程式を次のように導いた．

ヘルムホルツ方程式は，媒体中の光の速度 $u (= c/n, c：$ 真空の光速度) を用いて

$$\nabla^2\psi - \frac{1}{u^2}\cdot\frac{\partial^2}{\partial t^2}\psi = 0 \quad 〔ヘルムホルツ方程式〕 \tag{2.43}$$

と表される．u は波面，すなわち等位相面が動く速度であるから，**位相速度**と呼ばれている．シュレーディンガーは，W の時間変化を考察して等位相面である等 W 面の進む位相速度を

---

† ［演算子］・$\psi =$ 固有値 × ψ の形をした微分方程式を，本書では**固有値方程式**と呼ぶ．

$$u = \frac{E}{p} \tag{2.44}$$

と導き出した．**図2.19**に示すように，波動関数 Φ（式(2.35)）の波面が速度 E/p で動くことから式(2.44)が成り立つことが理解できる．

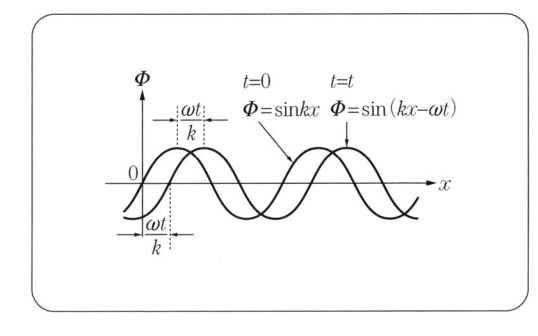

図2.19 調和波の位相速度 u：式(2.35)を $\Phi = \sin(kx - \omega t) = \sin[k\{x - (\omega/k)t\}]$ とおく（$k = \alpha p, \omega = \alpha E$）．時刻 t での波面（等位相面）は，$t = 0$ のそれよりも $(\omega/k)t (= ut)$ だけ進んでいる．それゆえ $u = \omega/k = E/p$ である．

式(2.44)と式(2.29)から u は

$$u = \frac{E}{|\vec{p}|} = \frac{E}{\sqrt{2m(E-V)}} \tag{2.45}$$

で与えられる．これを式(2.43)に代入して，方程式

$$\nabla^2 \psi - \frac{2m(E-V)}{E^2} \cdot \frac{\partial^2 \psi}{\partial t^2} = 0 \tag{2.46}$$

が得られた．しかし，これは，時間に関する2階微分を含んでおり，めざす固有値方程式（式(2.42)）ではない．そこで，シュレーディンガーは，粒子の波動関数を表す式(2.35)で，定数を $a = 2\pi/h$ とおいて

$$\frac{\partial^2 \psi}{\partial t^2} = -a^2 E^2 \psi = -\left(\frac{2\pi}{h}\right)^2 E^2 \psi \tag{2.47}$$

という関係式を導き，これを式(2.46)に代入して，目的の式(2.42)に到達した．

こうして得られた「時間を含まないシュレーディンガー方程式」は，定常状態のエネルギー固有値 E を定め，また波動関数 ψ の場所依存性（空間的分布）を与えるが，波動関数が時間とともにどのように変化するかには答えない．シュレーディンガーは，第四論文で，波動関数の空間的および時間的な変化を与える本来の波動方程式を次のように導き出した．

周期関数として式(2.33)の正弦関数を複素指数関数で置き換え，虚数単位 $i (= \sqrt{-1})$ を用いて

$$\Psi = \exp\left[i\frac{2\pi}{h}W\right] = \exp\left[i\frac{2\pi}{h}(S - Et)\right] \tag{2.48}$$

と表すと†

$$\frac{\partial \Psi}{\partial t} = -i\frac{2\pi}{h}E\Psi \tag{2.49}$$

---

† 虚数単位を電気工学では j で表すが，物理学では i を用いるので，量子力学に主眼を置いた本書では i を用いる．

を得る．これを式(2.42 a)で ϕ を Ψ で置き換えた式の右辺に代入して，波動関数の時間変化を与える方程式

$$\left(-\frac{h^2}{8\pi^2 m}\nabla^2 + V\right)\Psi = i\frac{h}{2\pi}\cdot\frac{\partial \Psi}{\partial t} \quad \text{〔シュレーディンガー方程式〕} \quad (2.50)$$

を導いた．これが一般に**シュレーディンガー方程式**と呼ばれるものである．

シュレーディンガーは，波動方程式を発見し，それがミクロ世界で成立していることを示したが，波動関数の物理的意味を正しく説明できなかった．彼は，波動関数 Ψ の絶対値の2乗に電子電荷 $-e$ を掛けた $-e|\Psi|^2$ が電荷密度を表すと考え，波動関数がある箇所に局在した波束が原子の中で存在していると唱えた（図 2.20）．しかし，このアイデアは次のように否定された．

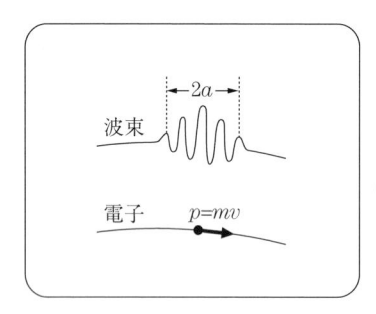

図 2.20 波束（局在した波）による電子のイメージ．電子波の波束は，最初（$t=0$）の広がり $2a$ が原子の程度のミクロスケールであると，瞬時に広がり消滅する．

一般に，ある点の周りに局在した波束は，いろいろな波長の波動をフーリエ積分によって重ね合わせて作る．物質波では，波束の中心は粒子の運動量で決まる速度 $v=p/m$ で動く．$\dot{v}$ は**群速度**（波の群れから作られる波束の速度の意）と呼ばれる．この群速度 $v(=\sqrt{(E-V)/(2m)})$ は，式(2.45)の位相速度 $u(=E/\sqrt{2m(E-V)})$ とは異なる†．このために，図 2.20 に示したように，波束の広がりの幅 $2a$ が原子の程度のミクロスケールであると瞬時に広がってしまう[1]．したがって，物質波の波束で電子の軌道を表すことはできない．

☕ 談 話 室 ☕

「科学的真理発見」における"ひらめき"と自然科学の本質　16～17世紀の哲学者フランシス・ベーコンは，自然に関する観測データと経験（実験）をたくさん集め，合理的な思考によって真理を発見することによって自然科学を進歩させることができると唱えた．しかし，このような啓蒙主義的な科学観は過去のものとして払拭されている．

20世紀の科学哲学者カール・ポパーは，自然科学は，単に現象を観測し，実験データ

---

† 均質な媒体中を伝わる光では，式(2.36)から得られる位相速度（$u=2\pi\nu/(2\pi/\lambda)=\nu\lambda=c/n$）は，各波長の光の群速度（$v=c/n$）と等しいから，波束は広がらずに伝搬する．

を多く集めただけで発達するものではなく，科学の発展においては理論的に説明できないような"ひらめき"が本質的な役割を果たしていることを次のように述べている．

「大胆な着想，<u>あたかもすでにそれを知っているかのような決して正当な理由づけのできない振舞い</u>，および確実な知識に基づかない思弁，これらこそが自然を解明する唯一の思索の手段なのである．」(K. R. ポパー (大内義一, 森博共訳)：科学的発見の論理, pp.346-347, 恒星社厚生閣, 1976年, 傍線筆者).

シュレーディンガー方程式は，まさに「大胆な着想」と「確実な知識に基づかない思弁」にもとづいて世に提示された．シュレーディンガーは，第一論文であたかもすでにそれを知っているかのように手品のよう (tricky) な方法で取り出し，第二論文でもっともらしい説明を与えた．そして，四部作の論文全体を通じて，波動方程式の解によってさまざまな観測結果を説明できることからその正しさを示したのである．しかも彼は，物質波に対して間違った解釈をしていた（波束を電子の軌道とみなした）．

量子力学は，他のすべての自然科学理論もそうであるように，自然をよりよく理解しようとする人間の営みであり，その正しさは実験事実と一致することによって支えられているのである．

本章のまとめ

❶ 光に関する謎の現象からプランク定数 h が発見され量子の概念が生まれた．
- 黒体放射 ➡ プランクの量子仮説
  [電磁波（振動数）のエネルギーは $E = h\nu, 2h\nu, \cdots$ と量子化されている]
- 光電効果 ➡ アインシュタインの光量子説
  [光はエネルギー $E = h\nu$ を持った光子として振る舞う]
- 水素原子スペクトル ➡ ボーアの原子模型
  [定常状態のエネルギー差の光量子（$|E_n - E_m| = h\nu$）が放出・吸収される]

❷ 光と粒子を統合する試みから量子力学が生まれた．
- ハミルトン ➡ 幾何光学と解析力学の統合をめざした（ただし数学的形式のみ）．
  [粒子の運動を光のように波動関数で（等位相面に垂直に進むと）記述]
- ド・ブロイ ➡ ハミルトンの理論に物理的実体を与えた．
  [量子的粒子は波長 $\lambda = p/h$ をもった物質波（ド・ブロイ波）として振る舞う]
- シュレーディンガー ➡ ド・ブロイの議論を発展させ物質波の方程式を導いた．
  [波動方程式を直感的洞察で見抜き，実験事実から正しさを証明した]

●理解度の確認●

問 2.1 赤々と輝く溶鉱炉に対して，真っ黒な「黒体」を適用することは一見，矛盾を感じるが，なんと説明すればよいか．

問 2.2 プランクの公式はウィーンの式とレイリー・ジーンズの式を補完することを示せ．

問 2.3 ド・ブロイの理論の問題点（または限界）は何か．

問 2.4 シュレーディンガーはどのような間違いをしていたか．

3 量子力学の基本原理

　本章では，量子力学の基本原理である，確率波の解釈，不確定性原理，古典的因果律の破綻を学ぶ．また，量子力学では，波動関数と演算子を用いて系の状態と物理量（およびその観測値）を記述することを習得する．原子スケールの世界を扱う量子力学の手法は，我々の日常的感覚と直結して築かれた古典力学のやりかたとはまったくかけ離れているので驚かれるかもしれない．しかし，ニュートン物理学が，地上界の力学法則が天上界（惑星の運動）でも成り立つことを示したとき人々は驚いた．天上界は地上界と異なり，至高の法則で支配されていると考えられていたからである．我々が日常体験しているマクロ世界の法則が，もし，ミクロ世界でも成り立つとしたら，それこそむしろ驚くべきことであるといえるのではないだろうか．

3.1 確率波の解釈

まず，ここで量子力学で最も重要な原理の一つである，確率波の解釈を説明し，観測問題がそこから生じたことを示そう．原子の尺度のミクロ世界 —— 五感でとらえられない世界 —— を支配する原理を学ぶには，想像力を発揮し，既得の知識に縛られない柔軟な心を持つことが大切である．

「知識には限界がある．想像力は，世界を包み込む．」（アインシュタイン）

3.1.1 回折現象と確率波

電子の波動関数は何を表すのか．前章の最後で説明したように，シュレーディンガーが唱えた波束説は退けられた．この問題を"確率波"の解釈で解き明かしたのがマックス・ボルンである．彼は，$|\Psi|^2$ は電子それ自体を表しているのではなく，電子が見いだされる確率を表すと提案した．ボルンは，この解釈のヒントをアインシュタインから得ている．アインシュタインは，光量子説を発表したときに，電磁波は，光子の瞬間的な動きではなく，時間的な平均値を与えると提案して，光の粒子性と波動性の間に折り合いをつけた．このアイデアをボルンは電子にも当てはめたのである．

ボルンの提案を理解するために，図 3.1 に示すスリットによる光の回折現象で，光を電磁波および光子として扱って比較してみよう．

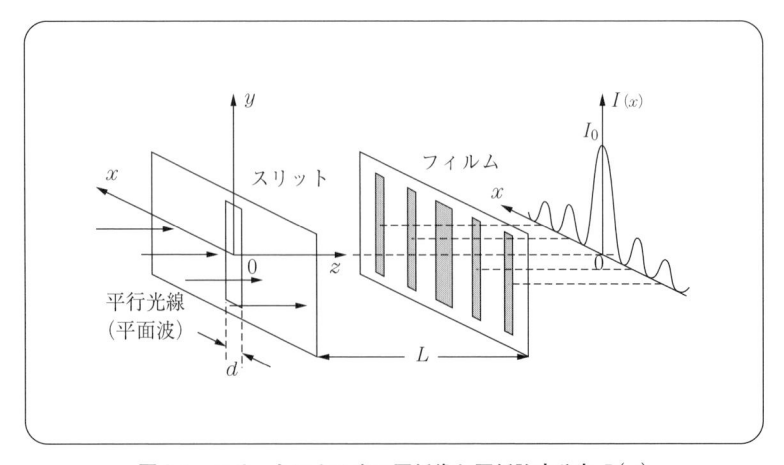

図 3.1 スリットによる光の回折像と回折強度分布 $I(x)$

平行光線（平面波）をスリットにあてると，後方に置かれたフィルム上に，縞状の回折像が得られる．中心からの距離 x における回折像の強度分布 $I(x)$ を図の右側に示した．電磁気学によれば，$I(x)$ は，電磁波のエネルギー強度分布に相当し，フィルム上の点における電磁波の電界ベクトル $\vec{E}(x)$，磁界ベクトル $\vec{H}(x)$ を用いて

$$I(x) = \varepsilon_0 |\vec{E}(x)|^2 = \mu_0 |\vec{H}(x)|^2 \tag{3.1}$$

と表される（ε_0：真空の誘電率，μ_0：真空の透磁率）．ホイヘンスの原理に従い，スリットの各点から出発して上記の一点に達した電磁波の $E(x)$（または $H(x)$）を積分することによって，$I(x)$ は次のように計算される．

$$I(x) = I_0 \sin^2\left(\frac{\pi d}{L\lambda}x\right) \Big/ \left(\frac{\pi d}{L\lambda}x\right)^2 \tag{3.2}$$

ここで，I_0 は光源強度に比例する定数であり，λ は光の波長，d はスリットの幅，L はスリットとフィルムの距離を表し，$L \gg d$ および，スリットの長さ $\gg d$ であると仮定した．$\lim_{x \to 0}\left\{\sin^2 ax\right\} \big/ (ax)^2 = 1$ であるから，$x = 0$ で $I(x)$ は最大値 I_0 をとる．また

$$\frac{\pi d}{L\lambda}x = n\pi \quad (n = \pm 1, \pm 2, \pm 3, \cdots) \tag{3.3}$$

で $I(x) = 0$ になる．

次に，光を光子として扱ってみよう．光源強度を非常に弱くして，一度に1個ずつ光子が飛び出すようにし，更に，1個の光子が通り抜ける間だけフィルムを感光させる．すると，図3.2（a）のようにフィルム上には，1個の感光点[†]が得られるだけで，うっすらとした回折像が得られるわけではない．もう一度同じような撮影を行うと，別の場所に1個の感光点が得られる（図（b））．感光時間を長くすると，複数の光子（感光点）がポツリポツリとや

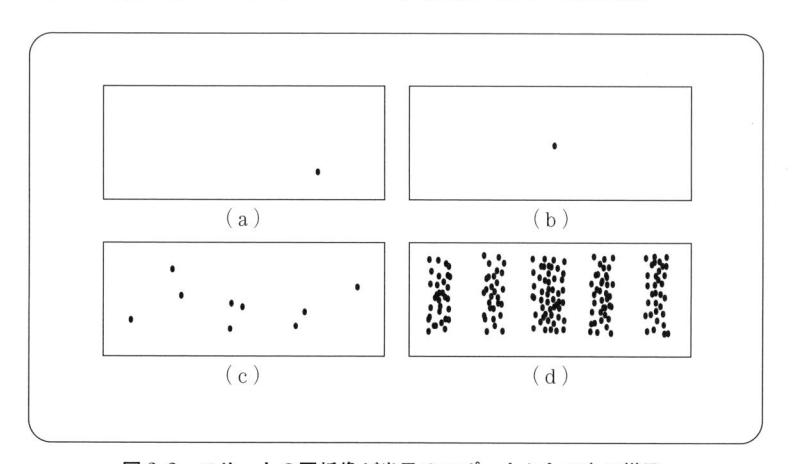

図3.2 スリットの回折像が光子のスポットからできる様子

[†] 感光点は，光子そのものではなく，到達した光子がフィルムと相互作用してできたマクロスケールのスポットである．

ってきたような像が得られる（図(c)）．更に感光時間を長くするか，または，このような"こまどり"撮影の像を多数重ね合わせると，図(d)のような，多くの感光点からなる回折像が浮かび上がってくる．

つまり，1個の光子がフィルム上で雲のように広がって干渉するのではなく，あくまでも1個の粒子として，1点に局在して感光点を作る．また，多数の光子が干渉して回折像が得られるのでもない．1個の光子が飛んでいく行き先が定かではなく，多数の光子の行く先（感光点）を重ね合わせることによって，回折像が浮かび上がってくるのである．すなわち，回折像は，雲のような連続的（アナログ的）な濃淡によってではなく，不連続的（ディジタル的）な点の集合によって作られる．これはちょうど，アナログ的な濃淡を持つ写真も，拡大すれば小さな銀粒子からディジタル的に作られているのと同様である．

更に感光時間を増やすか，光源の強度を強くすると，図(d)のようなディジタル図形が，アナログ的な回折像に近づく．このことから，感光点が密集している度合い，すなわち感光点の密度が回折強度 $I(x)$ に比例していると考えることができる．

ところで，$I(x)$ は $|E(x)|^2$ に比例している（式(3.1)）．そこで，電磁波の $|E|^2$ は光子が飛来する確率を与えると考えることができる．このアイデアをボルンは電子波にもあてはめて，次のような確率波の解釈を提案した．

電子の波動関数を $\Psi(x,y,z,t)$ とすると，時刻 t にこの電子が点 (x,y,z) を含む体積素片 $dxdydz$ の中に見いだされる確率 $P(x,y,z,t)dxdydz$ は次式で表される．

$$P(x,y,z,t)dxdydz \propto |\Psi(x,y,z,t)|^2 dxdydz \quad \text{〔確率波の解釈〕} \quad (3.4)$$

この解釈に従えば，フィルム上の各点に作られる感光点の密度（回折強度）は，連続的なアナログ量として計算される．しかし，その確率に従って，ある一点に光子が実際に飛来するかどうかは，1と0のディジタル量に対応する．それゆえ，アナログ的な電磁波と，ディジタル的な光子が確率を介して結ばれる（図3.12）．

確率とは，ある特定の事象が起こる割合を予測する数値である．確率は，観測の回数が少ないうちには，あまり正確な意味をもたないが，観測数が多くなるに従い正確さを増す．これを確率・統計の**大数の法則**という．例えば，サイコロの"1"の目が出る確率は1/6である．そこで，サイコロを振る数が少ないうち，例えば6回振るときに，"1"が出る回数を，$6 \times (1/6) = 1$回と計算しても，実際にはそのようにならないことが多い．しかし，6万回サイコロを振った場合には，"1"の出る確率は6万 $\times (1/6) = 1$万回に極めて近くなる．スリットによる回折現象で，飛来する光子の数が少ない場合には，意味ある像が得られない（図3.2(a)～(c)）が，光子数が増すにつれて，回折像が浮かび上がってくる（図(d)）のは，大数の法則による．

ここで，光子や電子を，仮にボールのような古典的な粒子で置き換えて考えてみよう（図3.3(a)）．粒子の飛来する方向に乱れ（誤差）があれば，到達する粒子の密度分布 $I(x)$ は，スリットの幅よりわずかに広がる（ガウス分布はその一例）．これに対して，量子的粒子では，図(b)に示すように，スリットの各点から出た物質波または電磁波をフィルム上で積分して得られる強度分布 $I(x)$ に従って縞状の回折像がつくられる．これが，古典的粒子と，確率波で記述される光子や電子などの量子的粒子との大きな違いである．

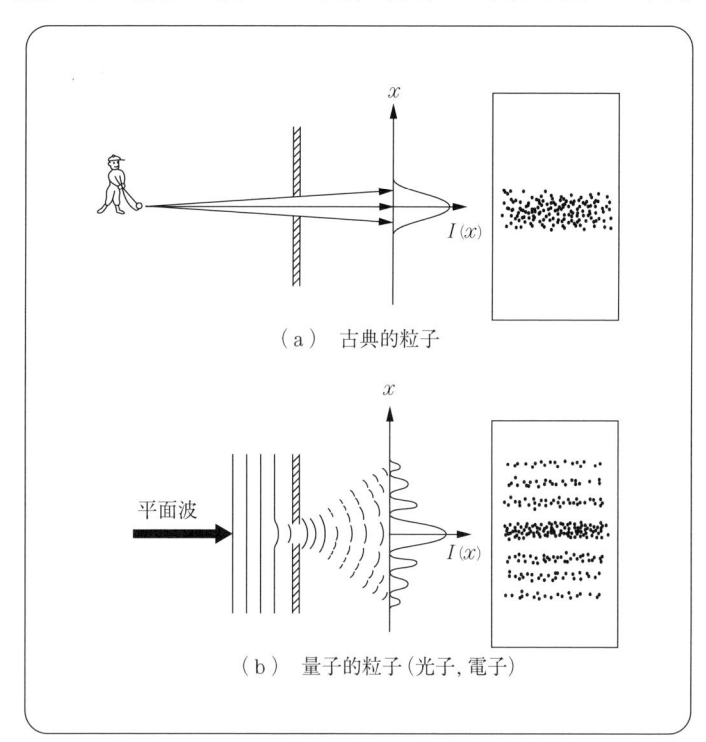

（a） 古典的粒子

（b） 量子的粒子（光子，電子）

図3.3 スリットを通過する古典的粒子と量子的粒子
（確率波で記述される）の挙動の違い

3.1.2　確率波と観測問題

波動関数が確率波であると解釈すると，量子的粒子は，常識とは相いれない奇妙な振舞いをすることが導かれる．これを**図3.4**に示す二つのスリットによる光の干渉，すなわち，**ヤング（Young）の干渉実験**で説明しよう．

スリット S_0 から出た光が，互いに平行な二つのスリット S_1，S_2 を通過して，フィルムに達して縞状の干渉像を結ぶ．平行スリットの間隔を D，スリットとフィルムとの距離を L とする．フィルムの中心から距離 x だけ離れた一点までの S_1 および S_2 からの光路差（図3.5）は，$x, D \ll L$ として近似的に Dx/L で与えられる．

38　　3. 量子力学の基本原理

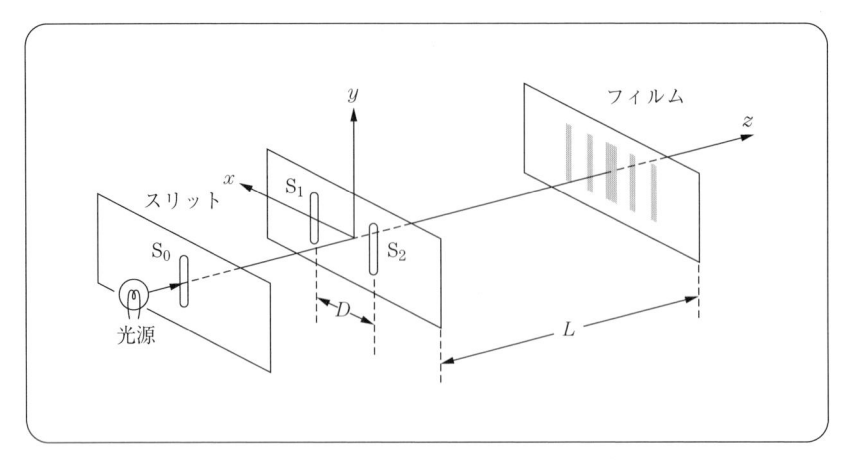

図 3.4　二つのスリット S_1, S_2 による光の干渉（ヤングの干渉実験）

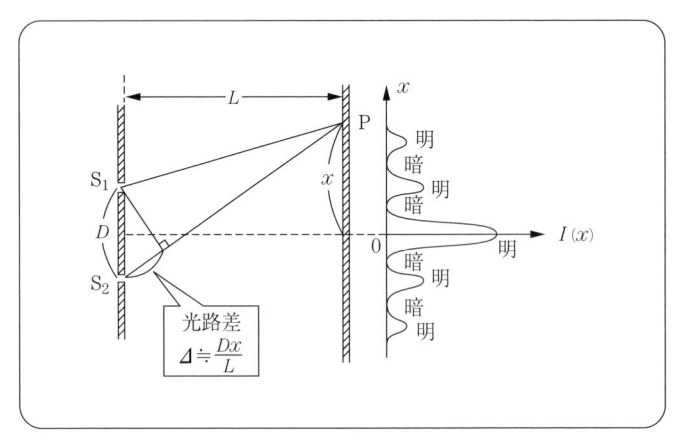

図 3.5　二つのスリットからの光路差と干渉像の強度分布 $I(x)$. 光路差 $\varDelta$ は，$D/L, x/L$ の一次の項までを取る近似によって $\varDelta \fallingdotseq Dx/L$ と計算される．

この光路差が，電磁波の波長 λ の整数倍，すなわち

$$\frac{Dx}{L} = n\lambda \qquad (n = 0, 1, 2, 3, \cdots) \tag{3.5}$$

であるときに，S_1 から来た波の波動関数 $\varPsi_1$ と S_2 から来た波の波動関数 $\varPsi_2$ が同位相で加算される．このとき合成された波動関数 $\varPsi_1 + \varPsi_2$ の絶対値の2乗，すなわち

$$I(x) \propto |\varPsi_1 + \varPsi_2|^2 \tag{3.6}$$

で与えられる光の強度が極大となり，干渉縞の明部が得られる．また

$$\frac{Dx}{L} = (n + 1/2)\lambda \qquad (n = 0, 1, 2, 3, \cdots) \tag{3.7}$$

のときに，$\varPsi_1 + \varPsi_2$ が逆位相で相殺するため

$$I(x) \propto |\varPsi_1 + \varPsi_2|^2 = 0 \tag{3.8}$$

となり，干渉縞の暗部が得られる．干渉像の強度分布 $I(x)$ を図 3.5 の右側に，スリット S_1, S_2

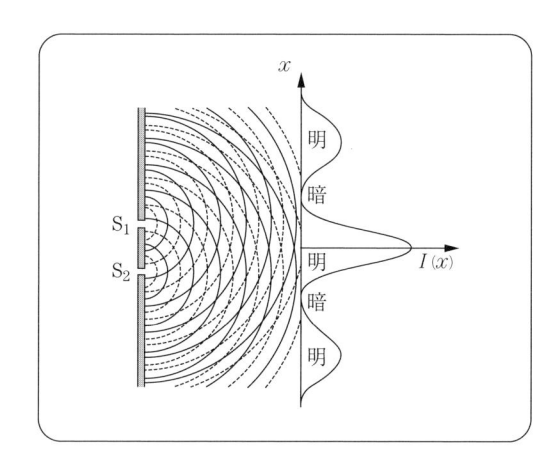

図3.6 ヤングの干渉実験における光波（電磁波）の干渉と干渉像の強度分布 $I(x)$

から出た二つの確率波（光波）干渉する様子と干渉像の強度分布を図3.6に示す．

ここで，図3.7(a)のように，スリットS_2を閉じてS_1だけを開いたとしよう．電磁波は，S_1だけから伝わるので

$$I(x) \propto |\Psi_1|^2 \tag{3.9}$$

の強度分布の像が，フィルム上の点S_1'を中心として作られる．ただし，一つのスリットS_1による回折によって，像は，図3.2(d)，3.3(b)と同じような縞状になる．同様にS_1を閉じてS_2だけを開いたときには

$$I(x) \propto |\Psi_2|^2 \tag{3.10}$$

の強度分布を持ったS_2の回折像が，点S_2'を中心に作られる（図(b)）．

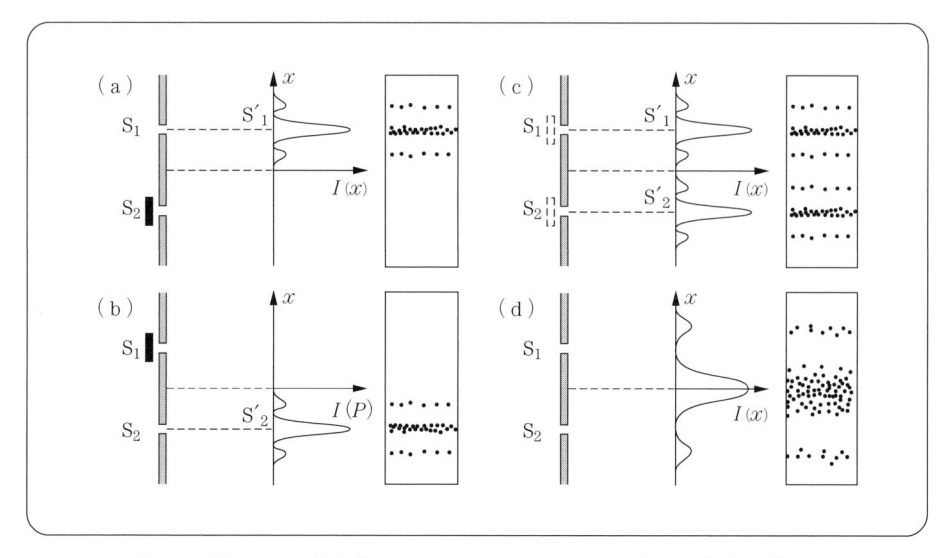

図3.7 図3.6の干渉実験で，二つのスリットS_1, S_2のうち，(a)，(b)片側を閉じた場合，(c)時間的に交互に閉じた場合，(d)両方とも開いた場合，光子スポットが作る干渉像とその強度分布 $I(x)$

40　　3. 量子力学の基本原理

それでは，S_1 と S_2 の片方だけを交代に開いたらどうなるだろうか．1 個の粒子が，どちらか一方の開いているスリットを通過する瞬間には他方は閉じているので，像の強度は

$$I(x) \propto |\Psi_1|^2 + |\Psi_2|^2 \tag{3.11}$$

で与えられる．すなわち，像は，S_1 だけを開いた場合の強度 $|\Psi_1|^2$（図（a））と，S_2 だけを開いた場合の強度 $|\Psi_2|^2$（図（b））を重ね合わせたものとなり（図（c）），二つのスリットによる干渉像（図（d））は得られない．

ところで，片側のスリットを閉じることは，光子が S_1 と S_2 のどちらを通ってきたかを決めることを意味する．すると，どちらのスリットを通ったかが決められていない場合にのみ干渉が起こり，S_1 と S_2 のどちらを通ったかを調べようとすると，干渉像が消えてしまう．つまり，人間が行う"観測"操作が光子の挙動を変えてしまうと考えられる．両方のスリットが開いている場合に，スリットを通り抜けるのは，光子の見いだされる確率であり，光子自体ではない．この意味で，光子は，通り抜けるスリットがいずれであるかを判定する観測を行わない限り，「二つのスリットを同時に（確率波として）通り抜けることができる」と考えるべきである．したがって，量子的粒子には，"アリバイ"の概念を変更しなければならない（これを朝永振一郎は，寓話「光子の裁判」でおもしろく説明している[6]）．

ただし，光子や電子は，決して二つに分かれて二つのスリットを通過するのではなく，確率波として同時に通過するのである．また，光子の確率波は，振動する電界と磁界という実質的な物理量で構成された電磁波が対応しているが，電子の確率波は確率というバーチャル（virtual，実体・事実ではないが本質を示す）量を運ぶことに留意しなければならない．

以上のように，確率波の解釈から，量子的粒子は 2 箇所を同時に（確率波として）通過し，どちらを通るかを観測することが量子的粒子の挙動を変えることが明らかにされた．更に近年，観測することよりむしろ，どちらを通過するかに関する情報を持つことが，量子的粒子の振舞いを決定する本質的な要素であることが明らかにされている（p.113）．量子情報工学は，このような量子的粒子と「情報」との結びつきを積極的に利用している．

なお，近年，スリットによる干渉現象は，光子や電子などの量子的粒子だけではなく，C_{60}，C_{70} などの炭素分子（図 3.8）でも観測されている[7]．360 個の電子と 60 個の原子核か

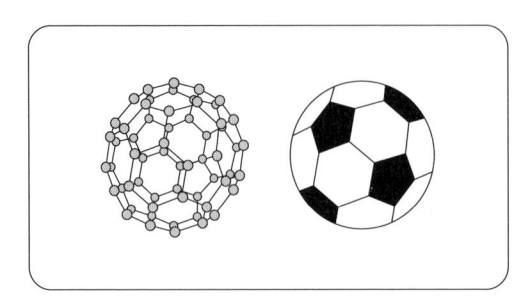

図 3.8　サッカーボール状の炭素分子（ナノ粒子）C_{60}

らなるサッカーボール状の C_{60}（フラーレン）などのナノ粒子も，物質波として二つのスリットを同時にくぐり抜けるのだ！　量子力学の謎はますます深まっている．

3.2　不確定性原理

　古典物理学では，物体の位置や速度（運動量）などの任意の物理量は，精密な測定装置を用いれば，原理的にいくらでも高い精度で測定できる，と考えられていた．しかし，量子的粒子がかかわる微視的現象ではそうはいかない．例えば，物体の位置（あるいは，その時間変化としての速度）を，光を用いて測定する場合を考えてみよう．

　図 3.9 に示すように，競馬の写真判定では，フラッシュ光を馬にあてる．光子の運動量は，馬の運動量に比べてまったく無視できるほど小さいので，光は馬の走行状態には何ら影響を与えない（競走馬には，横からの光をさえぎる目隠しがつけられているので，馬はフラッシュ光に驚くことはない）．しかし，もし，馬鹿げた話であるが，鉄砲の弾をあてて順位を判定するとしたらどうであろうか．弾があたった馬は倒れ，競争の順位が乱されてしまう．同様のことが，電子の位置を光で測定しようとするときに起こると考えられる．光子は，電子と同程度の運動量をもつので，コンプトン効果（図 2.6）によって電子をはじき飛ばし，電子の運動状態を測定する前とは全く違ったものにしてしまう．つまり，微視的世界では，測定の手段に用いるもの（例えば光子）が測定されるもの（例えば電子）と同程度の運動エネルギーをもつので，測定によって対象の状態が変えられてしまう．

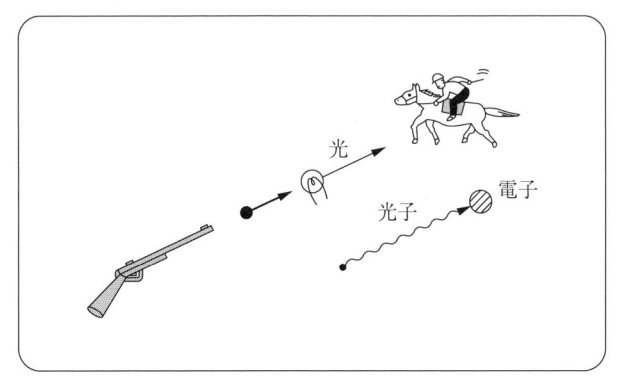

図 3.9　光子による物体の位置測定

　微視的現象における測定の問題は，測定操作が不可避的に測定対象に擾乱を与えるのみならず，素粒子が，粒子・波動の二重性を示すことと深くかかわり合っていることを以下に

示そう.電子の位置を光で測定する場合,光子の運動量 p を十分小さくすれば,電子の運動状態を乱さずに位置を測定できそうである.しかし,そうすると,ド・ブロイ波長 $\lambda = h/p$ が大きくなるため,図 3.10(a)に示すように,波が電子の裏側に回り込む回折効果が大きくなり,電子の位置が正確に決められなくなる.電子の位置を正確に決めるには,波長を短くしなければならない(図(b)).すると運動量 $p = h/\lambda$ が大きくなり,電子を跳ね飛ばすので,結局,電子の運動状態が変えられてしまう.

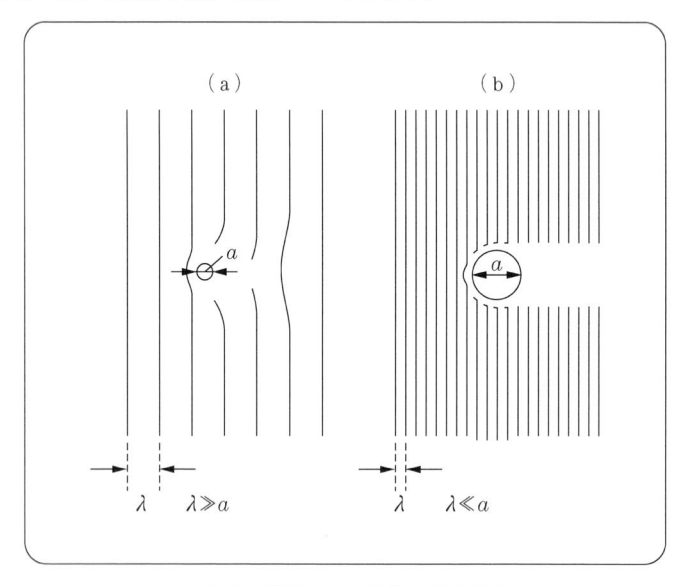

図 3.10 光波による物体の位置測定

波長 λ の光を用いれば,粒子の位置 x は $\Delta x \sim \lambda$ の精度で測定できるが,光子は $p = h/\lambda$ の運動量を持つので,粒子の運動量が $\Delta p_x \sim h/\lambda$ だけ乱されてしまう.それゆえ

$$\Delta x \cdot \Delta p_x \sim h \tag{3.12}$$

という関係が,位置と運動量の測定精度の間に成り立つことが推察される(記号 $\sim$ は,大きさの程度が等しいことを意味する).

古典論では,粒子は一瞬一瞬,空間の定められた位置を占め,定められた運動量を持っており,測定技術を高めることにより,位置と運動量を同時に,いくらでも正確に測定できるものと考えられていた.すなわち,測定の不確かさは,測定技術の未熟さによるものとみなされていたのである.

しかし,ハイゼンベルクは,位置や運動量などの物理量は測定する手段があって初めて意味をもつ,という立場に立ち,測定手段とは無関係に存在している位置や運動量を考えることは無意味と考えた.そして,図 3.11 に示す γ 線顕微鏡の思考実験から,量子的粒子の位置を測定すると不可避的に粒子の運動量に擾乱を与え,必ず式(3.12)で規定される不確かさ

3.2 不確定性原理

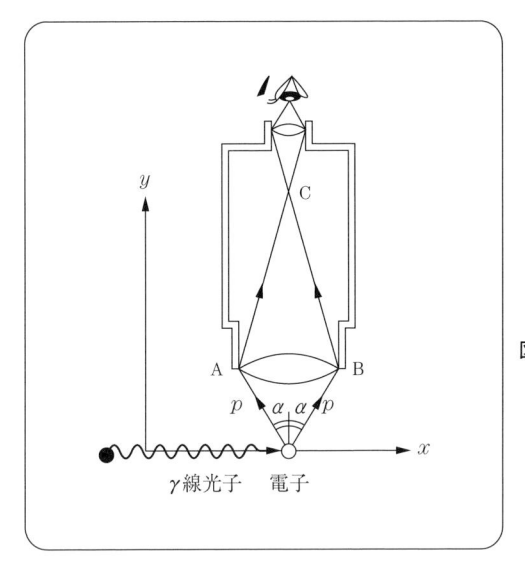

図 3.11 γ線光子（波長 λ，運動量 $p = h/\lambda$）を用いた顕微鏡による電子の位置測定（思考実験）．γ線が電子に跳ね返されて，開口角度 $2a$ のレンズに入射する．電子の運動量は $-p\sin a \sim p\sin a$ すなわち $\Delta p = 2p\sin a$ の擾乱を受ける．一方，顕微鏡の分解能は $\Delta x = 0.6\lambda/\sin a$ であるから，式(3.12)が成り立つ．

が生じると主張した．その理由を，量子力学で用いられる演算子の交換関係 (p.75) から説明した．これをハイゼンベルクの**不確定性原理**という．

ハイゼンベルクが不確定性原理を発表した直後，量子的粒子の位置および運動量の測定値は，測定による擾乱とは無関係に本質的にばらついており，その標準偏差 $\Delta x'$ と $\Delta p_x'$ の間に

$$\Delta x' \cdot \Delta p_x' \geqq \frac{\hbar}{2} \tag{3.13}$$

という不等式が成り立つことが証明された（ここで，$\hbar = h/2\pi$ で定義される**ディラック定数** $\hbar$ を用いた）．式(3.12)と式(3.13)は，本来，異なるものであるが，その区別があいまいにされ，どちらもがハイゼンベルクの不確定性原理を表すとみなされるようになった．

更に，量子的系のエネルギーの測定精度 ΔE と，その測定に要する時間 Δt との間にも式(3.13)と同様の不確定性関係が次式のように成り立つことも示された．

$$\Delta E' \cdot \Delta t' \geqq \frac{\hbar}{2} \tag{3.14}$$

☕ 談 話 室 ☕

ハイゼンベルクの不確定性原理を超えた日本人　ハイゼンベルクの不確定性原理によれば，位置と運動量のいずれかを完全に正確に測定すると他方の値がまったく不明になってしまう．例えば，$\Delta x = 0$ にすると，式(3.12)から $\Delta p_x = \infty$ になる．つまり量子的粒子の位置を完全に決めようとすると粒子はどこかにすっ飛んでしまう．したがって，位置だけを誤差ゼロで測定することも望めない．

不確定性原理はこのように，ハイゼンベルク以来長らく信じられてきた．ところが，近年，小澤正直によってこのような限界が打破できることが示された[8),9)]．式(3.13)の

$\varDelta x'$, $\varDelta p_x'$ は，物理量の測定値の平均値（期待値）が本来的に持つ統計的な偏差を表し，測定操作が引き起こす擾乱 $\varDelta x$, $\varDelta p_x$ とは関係がない．ところが，両者が混同されてきた．小澤は，これらをきちんと区別することによって実際の不確定性関係を

$$\varDelta x \cdot \varDelta p_x + \underline{\varDelta x \cdot \varDelta p_x' + \varDelta x' \cdot \varDelta p_x} \geq \frac{\hbar}{2} \tag{3.15}$$

と導き出した．アンダーラインで示した修正項のおかげで，$\varDelta x = 0$ にしても $\varDelta p_x = \infty$ にならずにすみ，誤差ゼロで粒子の位置を測定することが，原理的には可能であることが明らかにされた．

この小澤による新しい不確定性関係は，量子コンピュータや量子暗号通信などの効率や限界可能性を計算するための基本原理になると期待されている．また，重力波の検出など従来は不可能であった極微の信号を測定する技術に新機軸をもたらすとも考えられている．

3.3 古典的因果律の破綻

不確定性原理と，確率波の解釈の上に立てられた量子力学では，量子的粒子の位置と運動量は同時に正確に決定することができない．また，測定を行わない限り，微視的粒子は確率波として空間を伝わり，測定操作によって一点に局在した粒子としてとらえられる，と解釈されている．それゆえ，量子力学では，微視的粒子に対して軌道を考えることは原理的に許されない——軌道とは，各瞬間における粒子の位置と速度が確定していることを前提として考えられる概念であるから．

古典論では，粒子の運動の時間変化はニュートンの運動方程式から定められるので，最初の状態（初期条件）が与えられると，その後の運動の状態，すなわち軌道が次々と決められる．したがって初期条件つまり原因から，その結果として軌道が一義的に定められる．これを因果律という．しかし，量子力学では軌道が存在せず，初期条件から一義的に決められるのは波動関数であり，波動関数は粒子が特定の場所に見いだされる確率しか与えない．それゆえ，古典力学におけるような因果律は成立しない．これを**古典的因果律の破綻**と呼ぶ（図 3.12）．

ただし，量子力学では，波動関数が求められれば，粒子が，ある挙動を示す確率が正確に計算されるので，測定回数を多くすれば，確率・統計における大数の法則により粒子の挙動が正確に予測できるようになる．この意味で，量子力学では**統計的因果律**が成立しているという．

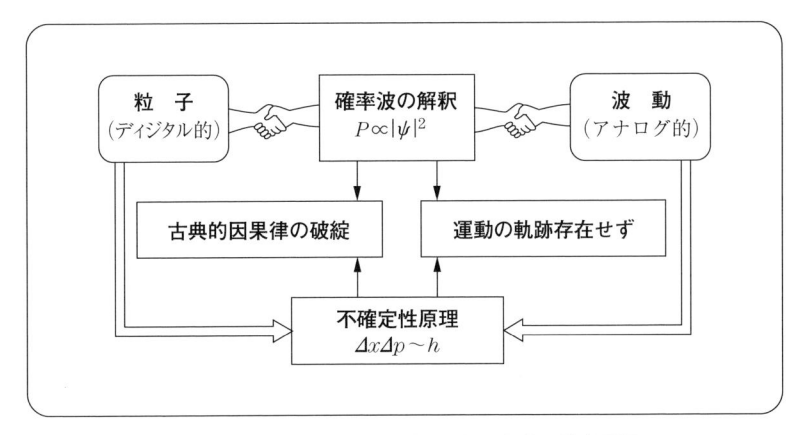

図 3.12　波動・粒子の二重性と量子力学の基本原理

3.4　量子力学の要請——状態・物理量・測定値

　古典力学では，系の状態は，その中に含まれる粒子の物理量（位置と運動量）で一義的に決まる．逆に，系の状態を決めれば，粒子の物理量が定まると考えられている．それゆえ古典力学では，状態と物理量と測定値が明確に分離されていない．しかし，不確定性原理と確率波の解釈に立脚した量子力学では，量子的粒子は軌道（したがって確定した物理量）を持たず，測定によって状態が乱されるので，三者をはっきりと分離する．図 3.13 に示すように，状態には波動関数を，物理量（運動状態を表す力学的変数）には演算子を対応させ，測定値には，演算子の「固有値」またはその平均値で与えられる「期待値」を対応させる．

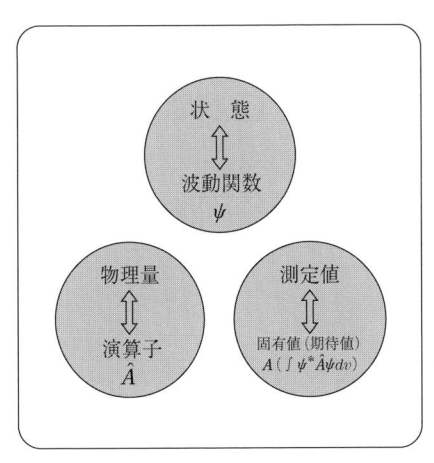

図 3.13　量子力学では系の状態，物理量，測定値を区別し，それぞれに波動関数，演算子，固有値（期待値）を対応させる．

このことを，量子力学の出発点に導入されている要請†を紹介しつつ説明しよう．

簡単にするため，質量 m と一定のエネルギー E を持つ量子的粒子 1 個だけを含む系（保存系）を考え，粒子に働くポテンシャルを $V(x,y,z)$ とする．

[要請 I] **波動関数と境界条件**

☆ 系（粒子）の状態は，粒子の位置座標 x, y, z と時間 t の関数である波動関数 $\Psi(x,y,z,t)$ によって表される．

☆ Ψ は一般に複素数で表される．

☆ 粒子の存在する領域内で，Ψ は有限な 1 価関数であり，また（ポテンシャル V が無限大値を取る場合を除き）滑らか（1 次の微係数まで連続）でなければならない．

☆ Ψ は適当な境界条件を満足している．

Ψ を複素数で表すことが要請されているのは，波動関数を式 (2.48) のように複素表示すると系の時間変化がうまく説明できることをシュレーディンガーが見いだしたからにすぎない．

■ 談 話 室 ■

虚数と自然科学　複素数は，自然現象の記述を助ける数学的なツール（道具，手段）である．自然自体が複素数と本質的なかかわり合いがあると考えるべきではない．

複素数は，二つの変数（例えば，波動関数の振幅と位相）を巧みに処理できるので，量子力学や電気工学（交流回路の $j\omega$）で波動関数を記述するのに威力を発揮している．複素数で扱う "虚数" の「虚」に "実数" の「実」と対比させて深い意味を感じたくなるかもしれない．しかし，虚数 (imaginary number) はあくまでも，実数の計算を簡略化するために作り出された想像上の (imaginary) 産物でしかない．

宇宙論で「虚時間」を提案しているスティーブン・ホーキングは語っている．

「科学理論はもともと，我々が観測を記述するためにつくった数学的モデルにほかならず，我々の精神の中にしか存在しないのである．だから，どれが実は "実時間" であり，"虚時間" であるのかとたずねるのは無意味である．どちらがより有用な記述であるかというだけのことなのである．」(S. W. ホーキング（林　一訳）：ホーキング，宇宙を語る——ビッグバンからブラックホールまで，p.186，早川書房，1989 年)

虚数は自然科学の中に巧みに取り入れられているが，自然それ自体とは無関係である．

---

† **要請**とは，「公理のように自明でないが，証明不可能な命題で，学問上もしくは実践上，原理として承認されているものをいう」(広辞苑，岩波書店)．量子力学（に限らずすべての物理学の）諸原理は，推論にもとづいており，それが実験によって支持されているので正しいと認められているのである．

境界条件は，波動関数 Ψ を与えられた系を記述するのにふさわしい関数，すなわち，系の物理的イメージと適合し，有限・1価・滑らかにするために導入される．例えば，水素原子の電子は，有限の領域に閉じ込められているので，3次元極座標(r, θ, ϕ)（後出の図6.1参照）で表した波動関数 $\Psi(r, \theta, \phi, t)$ は，$r = \infty$ で $\Psi = 0$ という境界条件が課せられる（p.81）．また，波動関数が1価であるために $\Psi(r, \theta, \phi, t) = \Psi(r, \theta, \phi + 2\pi, t)$ という境界条件を用いて波動方程式が解かれている（p.80）．

波動関数の連続性と滑らかさについて，一次元の波動関数 $\psi(x)$ で考えてみよう．ある位置 x_0 からわずかに $\pm\varepsilon$ だけ離れた2点での $\psi(x)$ の微係数の差は，ψ がシュレーディンガー方程式（式(2.42)）を満たすので

$$\left(\frac{d\psi}{dx}\right)_{x=x_0+\varepsilon} - \left(\frac{d\psi}{dx}\right)_{x=x_0-\varepsilon} = \frac{8\pi^2 m}{h^2} \int_{x=x_0-\varepsilon}^{x=x_0+\varepsilon} \{V(x) - E\}\psi(x)dx \tag{3.16}$$

と表される．したがって，$V(x_0)$ が有限であれば，$\varepsilon \to 0$ にしたとき式(3.16)の右辺はゼロになるので，$d\psi/dx$ は $x = x_0$ で連続だから ψ は滑らかである．しかし，$V(x_0) = \pm\infty$ ならば，$d\psi/dx$ は $x = x_0$ で不連続になるので折れ曲がる（後出の図4.3参照）．

[要請II] 確率密度と規格化

☆ 粒子が時刻 t に点 (x, y, z) の周りの体積素片 $dv = dxdydz$ に見いだされる確率 $P(x, y, z, t)dv$ は，$|\Psi(x, y, z, t)|^2 dv$ に比例する．すなわち

$$P(x, y, z, t)dv = c|\Psi(x, y, z, t)|^2 dv \quad (c \text{ は定数}) \tag{3.17}$$

である．$P(x, y, z, t)$ は**確率密度**と呼ばれる．

☆ 波動関数 Ψ が

$$\int |\Psi|^2 dv = 1 \quad \text{〔規格化〕} \tag{3.18}$$

という関係式を満たすとき Ψ は規格化されているという．このとき，確率密度は次式のように与えられる．

$$P(x, y, z, t) = |\Psi(x, y, z, t)|^2 \tag{3.19}$$

粒子は全空間のどこかで必ず見いだされるから，式(3.17)の確率 P を全空間で積分すれば1になる．つまり

$$\int c|\Psi(x, y, z, t)|^2 dv = 1 \quad \text{だから} \quad c = \frac{1}{\int |\Psi|^2 dv}$$

となるので式(3.17)は

$$P(x, y, z, t) = \frac{|\Psi(x, y, z, t)|^2}{\int |\Psi(x, y, z, t)|^2 dv} \tag{3.20}$$

となる．したがって，規格化（式(3.18)）されていれば，式(3.19)が成り立つ．

任意の波動関数 ψ を規格化するには，規格化因子すなわち

$$\text{規格化因子} = \frac{1}{\sqrt{\int |\Psi|^2 \, dv}} \tag{3.21}$$

を掛けた波動関数 $\Psi \big/ \sqrt{\int |\Psi|^2 \, dv}$ をつくればよい．

［要請III］ 演 算 子

☆ 古典論における基本的な物理量に対して，**表 3.1**のように演算子が対応する（^はハットと呼ぶ）．

☆ 任意の物理量（力学的変数）A は，一般に，粒子の座標，運動量，および時間の関数，すなわち $A(x, y, z, p_x, p_y, p_z, t)$ と表される．これに対応する演算子は，その中に現れている運動量を，表 3.1 に従い，演算子で置き換えた次式で与えられる．

$$\hat{A}\left(x, y, z, -i\hbar \frac{\partial}{\partial x}, -i\hbar \frac{\partial}{\partial y}, -i\hbar \frac{\partial}{\partial z}, t\right)$$

表 3.1 物理量に対応する演算子

物理量		演算子
座標	x	$\hat{x} = x$
	y	$\hat{y} = y$
	z	$\hat{z} = z$
運動量	p_x	$\hat{p}_x = -i\hbar \dfrac{\partial}{\partial x}$
	p_y	$\hat{p}_y = -i\hbar \dfrac{\partial}{\partial y}$
	p_z	$\hat{p}_z = -i\hbar \dfrac{\partial}{\partial z}$
エネルギー E		$\hat{E} = i\hbar \dfrac{\partial}{\partial t}$

表 3.1 に示す演算子の自然定数は，プランク定数 h だけであり，ディラック定数 $\hbar (= h/2\pi)$ を用いた．表 3.1 は，微視的世界の言語を巨視的世界の言語に翻訳するための暗号解読表のようなものである．例えば，粒子の角運動量（ベクトル）$\vec{l} = \vec{r} \times \vec{p}$ には，$\vec{p}$ を表 3.1 の運動量演算子ベクトル $\hat{\vec{p}}$ で置き換えた演算子 $\hat{l} = \vec{r} \times (-i\hbar \nabla)$ が対応する．

粒子の運動エネルギーとポテンシャルエネルギーの和（すなわち全力学的エネルギー）を**ハミルトニアン**と呼び

$$H = \frac{1}{2m}(p_x^2 + p_y^2 + p_z^2) + V(x, y, z, t)$$

と表す．H に対応する演算子は，x, y, z；p_x, p_y, p_z を表 3.1 で与えられた演算子で置き換えることによって

$$\hat{H} = -\frac{\hbar^2}{2m} \nabla^2 + V(x, y, z, t) \tag{3.22 a}$$

$$= -\frac{\hbar^2}{2m}\left(\frac{\partial^2}{\partial x^2} + \frac{\partial^2}{\partial y^2} + \frac{\partial^2}{\partial z^2}\right) + V(x, y, z, t) \tag{3.22 b}$$

〔ハミルトニアン演算子〕

と得られる．この $\hat{H}$ を用いて，波動方程式（式(2.50)）が次のように要請されている．

> [要請IV] **波動方程式**
> ☆ 波動関数 $\Psi(x, y, z, t)$ は，シュレーディンガー方程式
> $$\hat{H}\Psi = \hat{E}\Psi \tag{3.23a}$$
> すなわち次式の解である．
> $$-\frac{\hbar^2}{2m}\left(\frac{\partial^2 \Psi}{\partial x^2} + \frac{\partial^2 \Psi}{\partial y^2} + \frac{\partial^2 \Psi}{\partial z^2}\right) + V(x, y, z, t)\Psi = i\hbar \frac{\partial \Psi}{\partial t} \tag{3.23b}$$

式(3.23b)は，古典論で，空間内に分布している分子や粒子の濃度 Φ の時間変化を与える拡散の方程式

$$\nabla^2 \Phi = 定数 \times \frac{\partial \Phi}{\partial t}$$

と似た形をしている．したがって，シュレーディンガー方程式は，物質波が時間とともにどのように拡散していくか，つまり，量子的粒子の挙動の時間的変化を決める方程式に相当している．それゆえ，量子的系の波動関数の時間変化が，古典論の拡散現象における濃度と同じように厳密に定まる．しかし，系の物理量は（系が演算子の固有状態にある場合を除いて）確定せず，その測定値が次のように与えられることが要請されている．

> [要請V] **測定値と固有状態・固有値**
> ☆ 物理量 A に対応する演算子 $\hat{A}$ を系の波動関数 Ψ に作用させたとき
> $$\hat{A}\Psi = a\Psi \quad (a：定数) \tag{3.24}$$
> が成り立つ，すなわち Ψ が $\hat{A}$ の固有関数であるとき，系の物理量 A の測定値は固有値 a で与えられる．
> ☆ Ψ が $\hat{A}$ の固有関数でない場合には，測定のたびに $\hat{A}$ の固有値 $a_1, a_2, a_3, \cdots$ のいずれか一つが得られ，その平均値（**期待値**と呼ぶ，式（5.14）参照）が次式で与えられる．
> $$\langle A \rangle = \frac{\int \Psi^* \hat{A} \Psi dv}{\int \Psi^* \Psi dv} \quad 〔期待値〕 \tag{3.25}$$

測定を多数回行うか，同じ系を多数想定して平均をとれば，大数の法則によって式(3.25)の期待値のばらつきが減少して，統計的因果律（p.44）が成り立つ．

本章のまとめ

❶ **確率波の解釈**
  (1) 粒子が点 (x, y, z) に見いだされる確率は，$|\Psi(x, y, z, t)|^2$ に比例する．
  (2) 干渉像，回折像は，$|\Psi(x, y, z, t)|^2$ に比例する確率で飛来した粒子の点によってディジタル的に作られる．

❷ **不確定性原理** 量子的粒子の位置と運動量の間に $\Delta x \cdot \Delta p_x \sim h$ という不確定性関係が成り立つので，粒子の位置と運動量を同時に正確に定められない．

❸ **古典的因果律の破綻** 確率波の解釈と不確定性原理から，量子的粒子は運動の軌跡を持たず，運動状態は確率的にしか予測できない．

❹ **波動関数 Ψ・演算子 $\hat{A}$・期待値 $\langle A \rangle$**
  (1) 古典論の物理量 A の演算子 $\hat{A}$ は表3.1の対応表から作られる．
  (2) Ψ は有限，一価，滑らかな関数で，適当な境界条件を満たす．
  (3) Ψ は，シュレーディンガー方程式 $\hat{H}\Psi = \hat{E}\Psi =$ を満たす．
  (4) A の測定値の期待値は

  $$\langle A \rangle = \frac{\int \Psi^* \hat{A} \Psi dv}{\int \Psi^* \Psi dv}$$

  で与えられる．Ψ が $\hat{A}$ の固有関数であるとき，A の測定値は固有値 a に確定する．

●**理解度の確認**●

問 3.1 二重スリットによる光の干渉現象で，光子が同時に二つのスリットを通過すると考えざるを得ない理由を述べよ．

問 3.2 C_{60} の干渉現象はなぜ「量子力学の謎」を深めたのか？

問 3.3 光速の1/2の速さで運動している電子の位置を $\Delta x = 1$ mm の精度で測定すると運動速度 v がどの程度乱されるか．

問 3.4 次の粒子（質量 m）のハミルトニアン演算子を求めよ．
  (1) 三次元空間で何も力を受けないで直線運動している自由粒子
  (2) 一次元空間（座標変数 x）で $F = -kx$ なる復元力を受けて原点を中心として単振動しているばね振動子（一次元調和振動子）

4 定常状態と井戸型／凸型ポテンシャル

　量子力学では，エネルギーが変わらず（保存され），状態が時間的に一定で変わらない定常状態が重要な役割を演じている．すでに学んだボーアの水素原子模型では，電子がエネルギーを失わないで一定の速度で回転し続ける定常状態が仮定されていた．ド・ブロイ波とシュレーディンガー方程式は，エネルギーが不変に保たれる保存系の解析力学から導かれた．

　本章では，まず，定常状態にある系の波動関数と波動方程式の特徴を説明する．これを用いて，一次元の井戸型ポテンシャル中にとらえられた粒子の波動方程式を解いて，エネルギーが量子化されることなどを学ぶ．次に，凸型のポテンシャルの壁に衝突した量子的粒子が物質波として，ポテンシャル障壁を通り抜ける現象——トンネル効果——について学ぶ．その後，井戸型ポテンシャル問題を三次元空間に拡張して解こう．

4.1 定常状態の波動関数と波動方程式

量子力学では，エネルギーが一定値 E に保たれる保存系で定常状態にある量子的粒子（質量 m）について次の定理が成り立つ．

定常状態

☆ もし，粒子に働くポテンシャルが位置座標 x, y, z のみに依存し，時間に依存しない，すなわち，$V(x, y, z, t) = V(x, y, z)$ と表されるならば，波動関数は次の形をしている．

$$\Psi(x, y, z, t) = \phi(x, y, z)\exp\left(-\frac{i}{\hbar}Et\right) \tag{4.1}$$

☆ 上記の場所依存性を与える波動関数 $\phi(x, y, z)$ は，時間を含まないシュレーディンガー方程式

$$-\frac{\hbar^2}{2m}\left(\frac{\partial^2 \phi}{\partial x^2} + \frac{\partial^2 \phi}{\partial y^2} + \frac{\partial^2 \phi}{\partial z^2}\right) + V(x, y, z)\phi = E\phi \tag{4.2}$$

を満たす．つまり，系はエネルギーの固有状態であり，確率密度は

$$P(x, y, z) = \frac{|\phi(x, y, z)|^2}{\int |\phi(x, y, z)|^2 dv} \tag{4.3}$$

のように与えられ時間に依存しない．つまり系は定常状態にある．

式 (4.1)，(4.2) は，次のように導き出される．波動関数を

$$\Psi(x, y, z, t) = \phi(x, y, z)T(t) \tag{4.4}$$

のように，（場所の関数）×（時間の関数）の形をしていると仮定し，シュレーディンガー方程式（式(3.23 b)）に代入すると

$$-\frac{\hbar^2}{2m}\left(\frac{\partial^2 \phi}{\partial x^2} + \frac{\partial^2 \phi}{\partial y^2} + \frac{\partial^2 \phi}{\partial z^2}\right)T + [V(x, y, z)\phi]T = i\hbar\phi\frac{dT}{dt} \tag{4.5}$$

を得る．この両辺を ϕT で割ると

$$\frac{1}{\phi}\left[-\frac{\hbar^2}{2m}\left(\frac{\partial^2 \phi}{\partial x^2} + \frac{\partial^2 \phi}{\partial y^2} + \frac{\partial^2 \phi}{\partial z^2}\right) + V(x, y, z)\phi\right] = i\hbar\frac{1}{T}\cdot\frac{dT}{dt} \tag{4.6}$$

となる．式 (4.6) の左辺は，位置座標変数 x, y, z のみの関数，右辺は時間変数 t のみの関数である（これを**変数分離**されたという）．したがって，式(4.6)が恒等的に成り立つために

は，その値が定数でなければならない．この定数を E とおくと，左辺から式(4.2)，すなわち時間を含まないシュレーディンガー方程式が得られ，右辺からは

$$i\hbar \frac{dT}{dt} = ET \tag{4.7}$$

が得られる．式(4.7)の解は

$$T(t) = \exp\left(-\frac{i}{\hbar} Et\right) \tag{4.8}$$

で与えられるので，これを式(4.4)に代入して式(4.1)が得られる．

式(4.2)，(4.7)は，ハミルトニアン演算子 $\hat{H}$ とエネルギー演算子 $\hat{E}$ （表3.1）を用いて

$$\hat{H}\psi = E\psi \tag{4.9a}$$
$$\hat{E}T(t) = ET(t) \tag{4.9b}$$

と表される．つまり $\psi(x,y,z)$ は $\hat{H}$ の固有関数，$T(t)$ は $\hat{E}$ の固有関数であり，固有値はいずれも E である．したがって，時間を含む波動関数 $\Psi(x,y,z,t)$ $(=\psi T)$ は $\hat{H}$ の固有関数であるのみならず，$\hat{E}$ の固有関数でもある．すなわち，次式を満たす．

$$\hat{H}\Psi = E\Psi \tag{4.10a}$$
$$\hat{E}\Psi = E\Psi \tag{4.10b}$$

4.2 一次元自由粒子

定常状態にある粒子の中で，最も簡単な例として，何の束縛も受けないで一次元空間を飛んでいる自由粒子をとりあげよう．図4.1のように，質量 m，エネルギー E を持った粒子に働くポテンシャルが

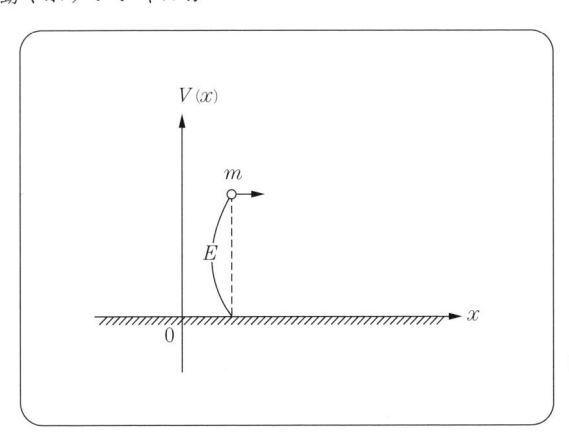

図4.1 何の束縛も受けずに運動する一次元自由粒子

4. 定常状態と井戸型／凸型ポテンシャル

$$V(x) = 0 \tag{4.11}$$

である系を考える．

$V(x)$ は時間に依存しないから，系は定常状態にあり，波動関数は式 (4.1) から

$$\Psi(x,t) = \phi(x)\exp(-i\hbar^{-1}Et) \tag{4.12}$$

の形で表される．時間を含まないシュレーディンガー方程式（式 (4.2)）は

$$\frac{d^2\phi}{dx^2} = -\frac{2m}{\hbar^2}E\phi \tag{4.13a}$$

$$= -k^2\phi \tag{4.13b}$$

と表される．ここで

$$k = \frac{\sqrt{2mE}}{\hbar} \tag{4.14}$$

で定義される定数 k（後述のように**波数**と呼ぶ）を導入した．

式 (4.13b) の一般解は，$\phi = A_+\exp(ikx) + A_-\text{epx}(-ikx)$ と表されるが

$$\begin{cases} \phi_+(x) = A_+\exp(ikx) & (A_+ : 定数) \tag{4.15a} \\ \phi_-(x) = A_-\exp(-ikx) & (A_- : 定数) \tag{4.15b} \end{cases}$$

とおいて，ϕ_+，ϕ_- に運動量演算子

$$\hat{p}_x = -i\hbar\frac{\partial}{\partial x}$$

を作用させると

$$\hat{p}_x\phi_+ = \hbar k\phi_+ \tag{4.16a}$$

$$\hat{p}_x\phi_- = -\hbar k\phi_- \tag{4.16b}$$

となる．つまり，ϕ_+ と ϕ_- は，運動量演算子の固有関数であり，その固有値は，$\hbar k$ と $-\hbar k$ である．したがって，ϕ_+ と ϕ_- は，それぞれ x 方向および $-x$ 方向に，一定の運動量（$|p| = \hbar k$）で等速直線運動する粒子の状態を表している．ド・ブロイ波長 $\lambda(= h/p)$ を用いると，$k = 2\pi/\lambda$ で表される．つまり，単位長さ当りに存在する波長の数の 2π 倍を表すので，k は波数と呼ばれる．

ここで取り扱った自由粒子では，波動関数 $\phi(x)$ が全空間に広がっているので，$\phi(\pm\infty) \neq 0$ であるから

$$\int|\Psi_\pm|^2 dx = \infty$$

となる．それゆえ，式 (3.20) から，粒子が微小区間 dx に見いだされる確率は

$$P(x)dx = \frac{|\Psi_\pm|^2 dx}{\int|\Psi_\pm|^2 dx} = 0$$

になる．これは，無限に広い空間の中に存在している粒子が，有限な領域に存在する確率は

ゼロになることを意味している．また，$\psi(x)$ は式(3.21)を用いて規格化することができない．無限大の領域に存在する自由粒子に関しては，規格化されていない波動関数を用い，相対的な存在確率の比である反射率と透過率を用いて論じることを4.4節で学ぶ

4.3 一次元井戸型ポテンシャル中の粒子

粒子が有限の領域に閉じ込められている系のうち，最も単純な一次元井戸型ポテンシャル中の粒子の波動関数とエネルギー固有値を求めよう．

4.3.1 無限に深い井戸型ポテンシャル

質量 m，エネルギー $E(>0)$ の粒子が，図4.2に示すような無限に深い井戸型ポテンシャル

$$V(x) = \begin{cases} 0 & (0 < x < d) & (4.17\,\text{a}) \\ \infty & (x < 0, \ x > d) & (4.17\,\text{b}) \end{cases}$$

の中に閉じ込められているとする．

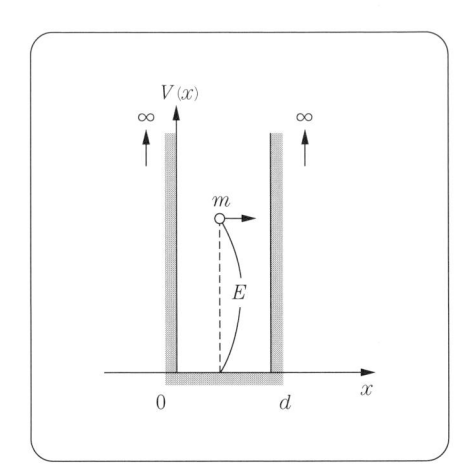

図4.2 無限に深い一次元井戸型ポテンシャル中に閉じ込められた粒子

時間を含まないシュレーディンガー波動方程式は

$$\begin{cases} \dfrac{d^2\psi}{dx^2} = -\dfrac{2m}{\hbar^2}(E - \infty)\psi & (x < 0, \ x > d) & (4.18\,\text{a}) \\ \dfrac{d^2\psi}{dx^2} = -\dfrac{2m}{\hbar^2}E\psi & (0 < x < d) & (4.18\,\text{b}) \end{cases}$$

と表される．式(4.18 a)を満足する解は，右辺の ∞ に注意すれば

$$\psi(x) = 0 \quad (x < 0, \quad x > d) \tag{4.19}$$

である．つまり，粒子が井戸の外で見出される確率は 0 である．これは，粒子が無限に高いポテンシャルの壁（**障壁**ともいう）によって完全に跳ね返されるからである．したがって，$x = 0, x = d$ で ψ が連続であるために

$$\psi(0) = 0 \quad \text{および} \quad \psi(d) = 0 \tag{4.20}$$

という境界条件が課せられる．この両端固定の境界条件を満たす波動関数は，弦の振動の場合（図 2.17）と同じく，整数（量子数）n を用いて

$$\psi_n(x) \propto \sin(k_n x) \tag{4.21 a}$$

$$k_n = \frac{n\pi}{d} \tag{4.21 b}$$

と表される．これより求める解は

無限に深い一次元井戸型ポテンシャル

規格化された波動関数：　$\psi_n(x) = \sqrt{\dfrac{2}{d}} \sin\left(\dfrac{n\pi}{d} x\right)$ 　　　(4.22 a)

エネルギー固有値：　$E_n = \dfrac{\hbar^2 \pi^2}{2md^2} n^2$ 　　　(4.22 b)

$(n = 1, 2, 3, \cdots)$

と表される．ここで，ψ_n は式(3.21)を用いて規格化し（問 4.1），エネルギー固有値は式(4.21 b)を式(4.14)に代入して得た．

粒子の固有関数とエネルギー固有値を**図 4.3** に示す．波動関数はポテンシャル井戸の両端 ($x = 0, x = d$) で滑らかでなく，折れ曲がっている．これは，井戸の両端では $V = \infty$ であるからである（p.46［要請Ⅰ］参照）．エネルギーは量子数 n の 2 乗に比例した離散値をとる．自由粒子のエネルギー（式(4.14)）が任意の連続的な値をとることと対照的である．一般に，無限に広い領域に存在している粒子は，連続的なエネルギー値をとるが，有限な領域に閉じ込められるとエネルギーは離散的になる．

弦の振動など，古典的な波動の最低エネルギー状態は静止状態 ($\psi = 0, E = 0$) であり，ポテンシャル井戸の中の古典的粒子の最低エネルギー状態も静止状態である．しかし，井戸型ポテンシャル中の量子的粒子の基底状態のエネルギーは 0 でなく，$E_1 = \hbar^2 \pi^2 / (2md^2)$ である．これを**零点エネルギー**と呼ぶ．静止状態は，運動量 p が 0 に確定し，また位置も静止位置に確定するので不確定性原理から許されないのである．

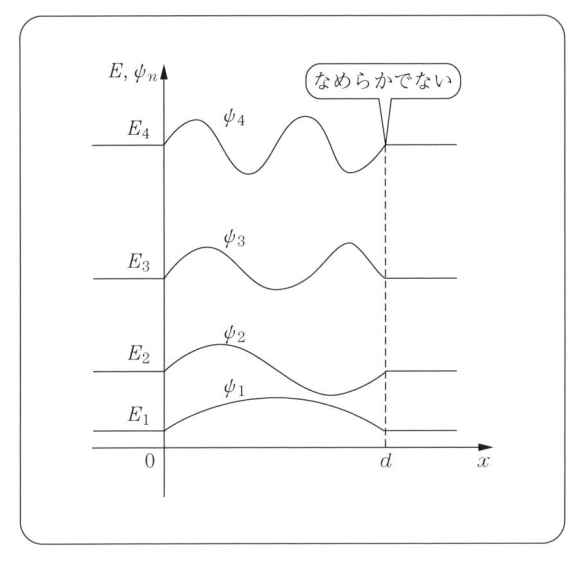

図 4.3 無限に深い一次元井戸型ポテンシャル中の粒子の固有
関数とエネルギー固有値

4.3.2 有限の深さの井戸型ポテンシャル

通常の物質ではポテンシャルの高さが有限である．例えば，真空中に置かれた金属では，簡単にするため一次元で考えると，図 4.4 のように有限の深さ V_0 をもつポテンシャル井戸

$$V(x) = \begin{cases} 0 & (|x| \leq d/2) & \text{(4.23 a)} \\ V_0 & (|x| > d/2) & \text{(4.23 b)} \end{cases}$$

の中に電子が閉じ込められているというモデルを適用できる．電子が占有している最も高いエネルギー準位から真空準位までの差が仕事関数 W に相当する（図 2.5）．

質量 m の粒子のエネルギーを $E < V_0$ とすると，波動方程式は

$$\frac{d^2\psi}{dx^2} = -\frac{2m}{\hbar^2}E\psi \qquad (|x| \leq d/2) \tag{4.24 a}$$

$$\frac{d^2\psi}{dx^2} = -\frac{2m}{\hbar^2}(E-V_0)\psi \qquad (|x| > d/2) \tag{4.24 b}$$

と表される（図 4.4(b)）．ポテンシャルの段差 V_0 が有限であるから，波動関数 ψ は井戸の両端で滑らかな連続関数でなければならない．すなわち

$$x = d/2 \text{ および } x = -d/2 \text{ で} \begin{cases} \psi \text{ が連続} & \text{(4.25 a)} \\ \dfrac{d\psi}{dx} \text{ が連続} & \text{(4.25 b)} \end{cases}$$

という境界条件が課せられる．

式(4.25)の境界条件を用いて計算された波動関数は，$V_0 = \infty$ の場合の波動関数から少し

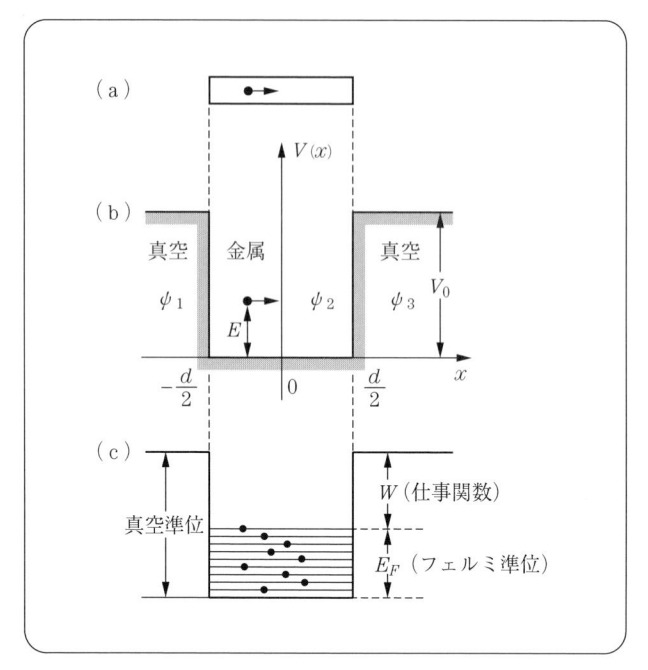

図 4.4 真空中におかれた 金属の自由電子（a），有限の深さの井戸型ポテンシャル（b），エネルギー準位と仕事関数（c）．

ずれるだけで，よく似ている．すなわち，$V_0 = \infty$ のポテンシャル井戸に閉じ込められた電子の波動関数（式(4.22a)）は，井戸の中心を原点に移して，$x - d/2$ を改めて x で表すと

井戸の内部（$|x| < d/2$）：$\phi(x) \propto \begin{cases} \cos(k_n x) & (n = 1, 3, 5, \cdots) \quad (4.26\text{a}) \\ \sin(k_n x) & (n = 2, 4, 6, \cdots) \quad (4.26\text{b}) \end{cases}$

井戸の外部（$|x| > d/2$）：$\phi(x) = 0$ (4.26c)

と表されるが，V_0 が有限の場合の波動関数は，井戸の外に減衰波としてはみ出し（**図 4.5**），次式で表される．

井戸の内部（$|x| < d/2$）：$\phi(x) = \begin{cases} A\cos(k'_n x) & (n = 1, 3, 5, \cdots) \quad (4.27\text{a}) \\ A\sin(k'_n x) & (n = 2, 4, 6, \cdots) \quad (4.27\text{b}) \end{cases}$

$$k'_n = \frac{\sqrt{2mE'_n}}{\hbar} \quad (4.27\text{c})$$

井戸の外部（$|x| > d/2$）：$\phi(x) = B\exp(-\beta_n |x|)$ （$n = 1, 2, 3, 4, 5, \cdots$） (4.28a)

$$\beta_n = \frac{\sqrt{2m(V_0 - E'_n)}}{\hbar} \quad (4.28\text{b})$$

ここで，井戸の内部の波数 k'_n と，井戸の外の減衰係数 β_n を用いて

$$X = \frac{k'_n d}{2}, \qquad Y = \frac{\beta_n d}{2} \quad (4.29)$$

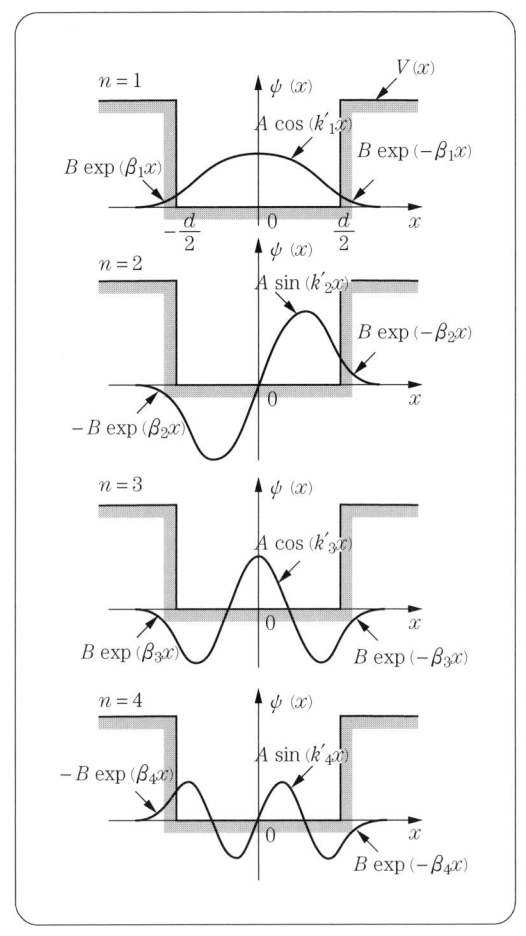

図 4.5 有限の深さの一次元井戸型ポテンシャル中の粒子の波動関数

とおくと，X，Y に関する連立方程式

$$X^2 + Y^2 = \frac{mV_0 d^2}{2\hbar^2} \tag{4.30}$$

$$Y = \begin{cases} X \tan X & (n = 1, 3, 5, \cdots) \\ -X \cot X & (n = 2, 4, 6, \cdots) \end{cases} \quad \begin{matrix} (4.31\,\mathrm{a}) \\ (4.31\,\mathrm{b}) \end{matrix}$$

が得られる（問 4.2）．この解から k'_n と β_n，したがって E'_n が決まる．図 4.6 に示すグラフ的解法から，$E_{n-1} < V_0 \leqq E_n$（ただし便宜的に $E_0 = 0$ とする）であるとき，n 個の波数

$$k'_1, k'_2, \cdots k'_n \quad (k_{n-1} < k'_n < k_n)$$

したがって，n 個のエネルギー固有値

$$E'_1, E'_2, \cdots E'_n \quad (E_{n-1} < E'_n < E_n)$$

が存在することが分かる．

有限の高さのポテンシャル井戸の外に波動関数がはみ出しているので，$E < V(= V_0)$ の領域にも粒子が有限の確率で存在する．しかし，古典論では，運動エネルギー $(mv^2/2 = E - V)$

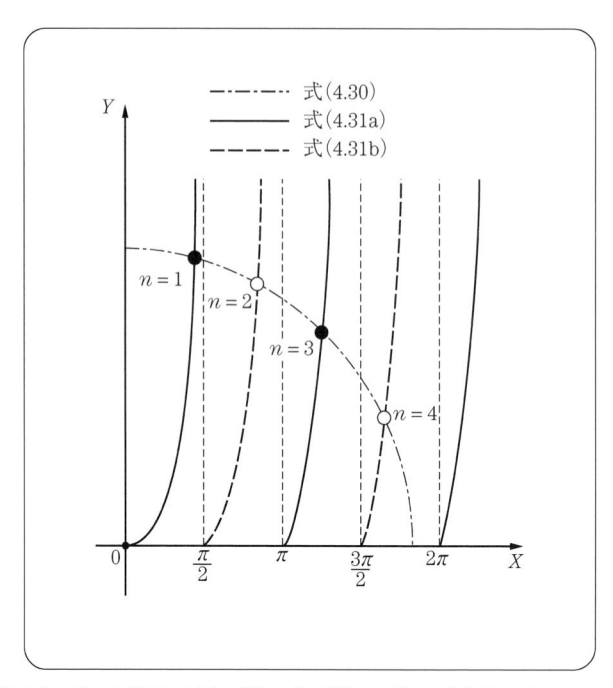

図4.6 連立方程式（式(4.30)，(4.31)）のグラフ的解法．●が $n=1,3,5,\cdots$ の解を，○が $n=2,4,6,\cdots$ の解を与える．$V_0 \to \infty$ とすると●と○の座標は $(n\pi/2, \infty)$ になるので $k_{n-1} < k'_n < k_n$，つまり $E_{n-1} < E'_n < E_n$ である．

がマイナスになることはないので，井戸の外に出ることはない．つまり，**図4.7**に示すように，古典的粒子は，$E < V$ であるポテンシャルの壁によって完全に反射されるので，これを越えることはできない．一方，量子的粒子の波動関数は，減衰関数として $E < V$ の禁止領域に浸透することができるのである．この現象は，金属導体の壁で電磁波が反射されるとき，電磁波の電界（または磁界）が $\exp(-x/\delta)$（δ：金属の表皮の厚さ，skin depth）のように減衰しつつ浸透する現象（**図4.8**）と類似している．このような減衰波は，**近接場光**または**エバネッセント光**と呼ばれ，近年，1個の原子を捕まえる原子捕獲など**ナノ技術**に応用されている（"付録3．近接場光の応用"参照）．

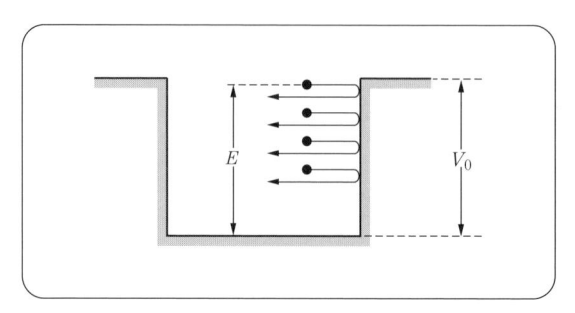

図4.7 古典的粒子が，そのエネルギーよりも高いポテンシャル障壁によって跳ね返される様子

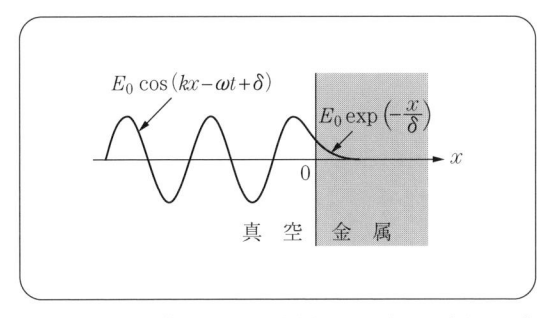

図4.8 金属（導体）の壁の内側に電磁波が浸透する現象

4.4 凸型ポテンシャル障壁とトンネル効果

図4.9(a)のように一次元粒子に働くポテンシャルが，高さ V_0，厚さ d の凸型の壁をつくり

$$V(x) = \begin{cases} 0 & (x<0,\ x>d) \quad (4.32\,\text{a}) \\ V_0 & (0<x<d) \quad (4.32\,\text{b}) \end{cases}$$

と表されるものとする．具体例としては，図4.4に示した金属の二つの物体を，真空中で距離 d まで近づけたときに電子に働くポテンシャル（図(b)）を考えることができる．

ここで，$x=-\infty$ から，質量 m，エネルギー $E(<V_0)$ の粒子が飛来したとしよう．波動関数は

$$\begin{cases} \psi(x) = A\exp(ikx) + B\exp(-ikx) & (x<0) \quad (4.33\,\text{a}) \\ \psi(x) = C\exp(\beta x) + D\exp(-\beta x) & (0<x<d) \quad (4.33\,\text{b}) \\ \psi(x) = F\exp(ikx) & (x>d) \quad (4.33\,\text{c}) \end{cases}$$

$$k = \frac{\sqrt{2mE}}{\hbar}, \qquad \beta = \frac{\sqrt{2m(V_0-E)}}{\hbar} \quad (4.34)$$

と表すことができる．式(4.33 a)は波動方程式 $d^2\psi/x^2 = -k^2\psi$ の一般解であり，$A\exp(ikx)$ は入射波に，$B\exp(-ikx)$ は反射波に相当する．式(4.33 b)は $d^2\psi/x^2 = \beta^2\psi$ の一般解である．$x>d$ （式(4.33 c)）では，一般解のうち左進行波（$\exp(-ikx)$）を省いて，透過波（右進行波）である $F\exp(ikx)$ のみで表した．その理由は，粒子が左側からポテンシャル障壁に衝突し，波が反射および透過したのであるから，壁の右側の領域では左に向かう波は存在しないからである．このように，量子力学では，現象の物理的イメージに合う波動関数から出発することが大切である．

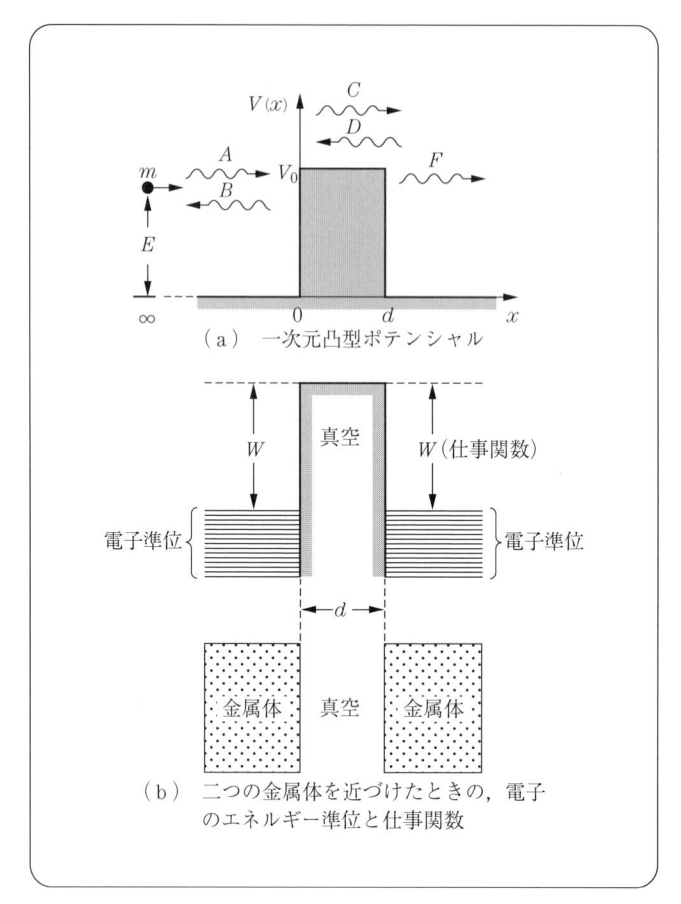

図4.9 凸型ポテンシャルと二つの金属体

ポテンシャル障壁の両端，すなわち $x=0$ および $x=d$ で $\phi(x)$ と $d\phi(x)/dx$ とが連続であるという境界条件を式(4.33)に適用して計算すると，入射波と反射波の振幅の絶対値の比，すなわち反射率 R が

$$R = \frac{|B|^2}{|A|^2} = \left[1 + \frac{4E(V_0 - E)}{V_0^2 \sinh^2 \beta d}\right]^{-1} \tag{4.35 a}$$

と求められる．入射波と透過波の振幅の絶対値の比，すなわち透過率 T は

$$T = \frac{|F|^2}{|A|^2} = \left[1 + \frac{V_0^2 \sinh^2 \beta d}{4E(V_0 - E)}\right]^{-1} \tag{4.35 b}$$

と得られる（問4.3）．反射率 R と透過率 T は

$$R + T = 1 \tag{4.36}$$

という関係を満たす．

古典論では，図 4.10(a)に示すように，粒子のエネルギーがポテンシャル障壁の高さより低ければそれを通過できないので，$E < V_0$ ならば，$R = 1$，$T = 0$ である．量子力学では，

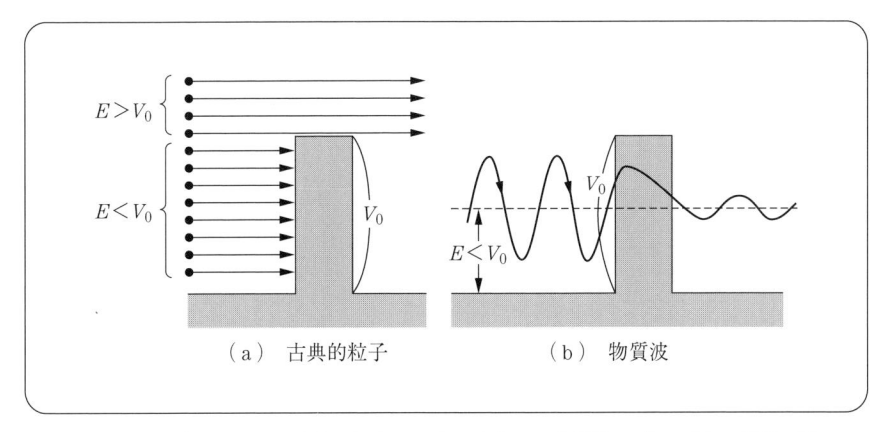

図4.10 凸型ポテンシャル障壁に衝突した古典的粒子と物質波 $E\,(< V_0)$ の挙動の違い

式(4.35(b))から $T \neq 0$ すなわち有限の確率で障壁を透過する．つまり，図(b)に示すように，波動関数がポテンシャルの壁の内部で減衰しきらないうちに壁の終端に達してそこから再び右進行波として進む．この現象は，図4.11のように，あたかも粒子が，ポテンシャルの山にトンネルを掘ってくぐり抜けるように考えられるので**トンネル効果**と呼ばれている．

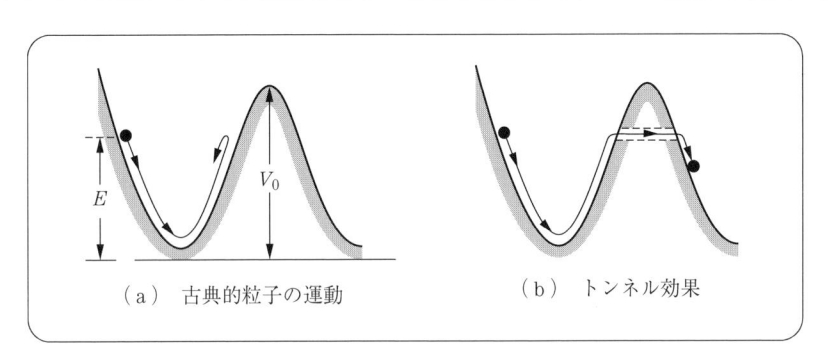

図4.11 トンネル効果の概念：古典的粒子は $V_0 > E$ であるポテンシャルの山を越えられないが，量子的粒子はトンネル効果で通り抜ける．

式(4.35 b)で，βd が極端に大きいと $T = 0$ になるのでトンネル効果は起こらない．ポテンシャルの壁の厚さ d が $1/\beta$（電磁波の場合（図4.8）の表皮の厚さ δ に相当）と同程度以下である場合（$\beta d < 1$）にのみトンネル効果が観測可能になる．

図4.12(a)に示すように，金属探針を金属試料の表面に近づけて，針と試料の間に $+V$ のバイアス電圧をかけると，電子に対するポテンシャル障壁が図4.9(b)から図4.12(b)のように変わり，電子が障壁をトンネル効果でくぐり抜けてトンネル電流が流れる．このトンネル電流が一定になるようにフィードバックをかけることによって，針の先端と試料表面との距離 d を一定に保つことができる．そこで，針を試料面と平行な平面（yz面）内で走査して，d を一定に保つために動かした針の変位（x方向）をプロットすれば，試料の表面の凹凸を描いた図が得られる．これが**走査型トンネル顕微鏡**（scanning tunneling microscope, **STM**）である．

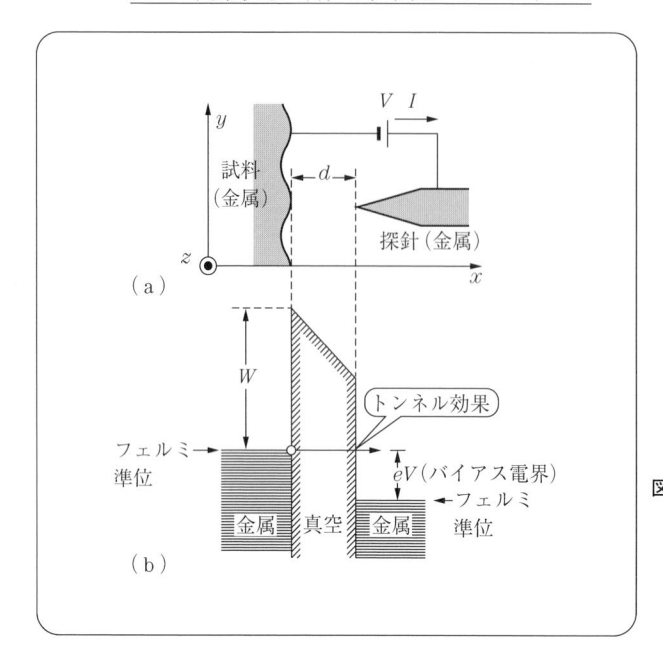

64　　4．定常状態と井戸型／凸型ポテンシャル

図4.12　走査型トンネル顕微鏡の探針と試料（a），およびそれらの電子エネルギー準位とトンネル効果（b）

図4.13(a)に，$C_8H_{17}SH$分子の単分子ステップをSTMで観測した像を示す．**単分子ステップ**とは，一種類の分子が整列してできた平らな膜の上に，その分子が一層だけ重ねられてできた段差をさす．そのような単分子ステップに1個のC_{82}分子（p.40に記したフラーレンの仲間）がとらえられている様子（STM像）を図(b)に示す．STMはナノテクノロジーの分野で扱うナノメートルサイズの材料を評価する重要な手段である．

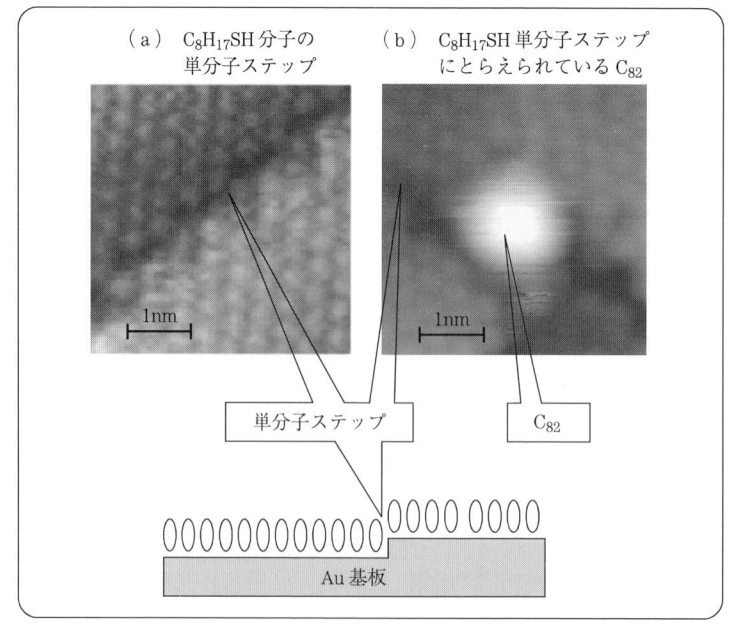

図4.13　STM像（東京工業大学電子物理工学専攻・真島研究室提供）

トンネル効果は，原子核の内部に存在する核子についても起こる．ラジウムなど，α崩壊をする放射性元素の原子核では，α粒子は，図4.14に示すように，ポテンシャル障壁の内部に閉じ込められているが，トンネル効果によって，一定の確率で障壁を通り抜けて核外に飛び出す．

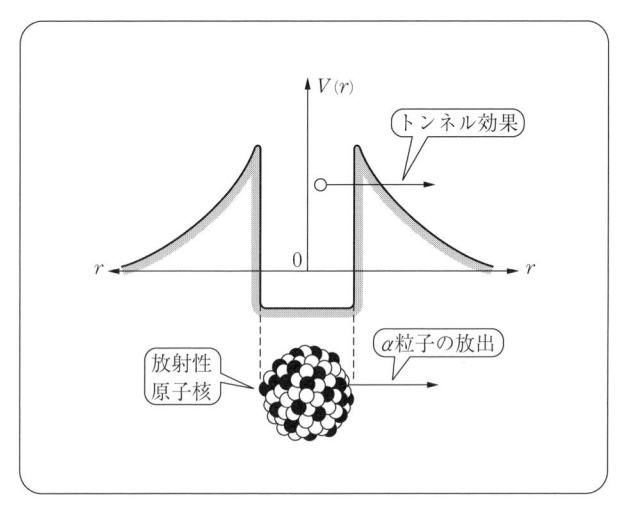

図4.14 放射性同位元素のα粒子に原子核中で働いている核ポテンシャルとトンネル効果による放出（α崩壊）

4.5 三次元自由粒子と井戸型ポテンシャル問題

これまでの議論を三次元に拡張しよう．粒子が三次元空間で何も束縛を受けずに動いている場合のポテンシャルは

$$V(x, y, z) = 0 \tag{4.37}$$

で与えられ，各辺の長さが，d_x, d_y, d_zである無限に深い井戸型ポテンシャルにとらえられている場合（図4.15）には次式で与えられる．

$$V(x, y, z) = \begin{cases} 0 & (0 < x < d_x,\ 0 < y < d_y,\ 0 < z < d_z) \quad (4.38\,\text{a}) \\ \infty & (\text{上記以外の領域}) \quad (4.38\,\text{b}) \end{cases}$$

式(4.37)または(4.38)を式(4.2)に代入して得られるシュレーディンガー方程式の解の場所依存部分の波動関数が

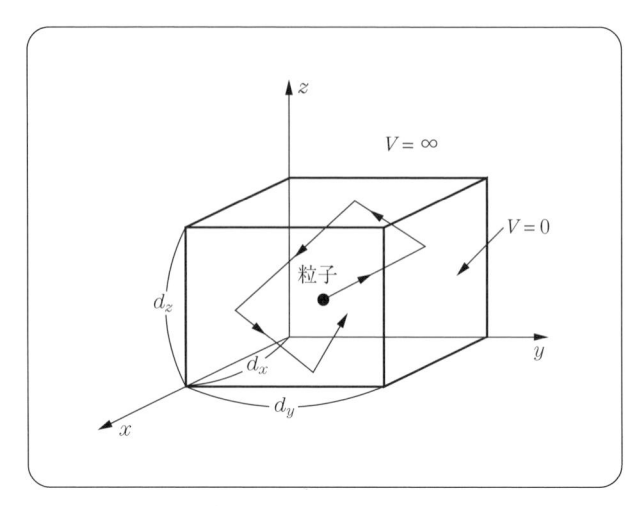

66　4. 定常状態と井戸型／凸型ポテンシャル

図 4.15　直方体の中に閉じ込められた粒子（三次元ポテンシャル問題のモデル）．粒子はポテンシャルの壁で完全に反射される．

$$\psi = \psi(x, y, z) = \psi_x(x)\psi_y(y)\psi_z(z) \tag{4.39}$$

のように，各変数の関数の積の形をしていると仮定する．式(4.39)を波動方程式（式(4.2)）に代入して，両辺を $\psi_x(x)\psi_y(y)\psi_z(z)$ で割って変形すると

$$\left\{\frac{1}{\psi_x}\left(-\frac{\hbar^2}{2m}\cdot\frac{\partial^2\psi_x}{\partial x^2} + V(x)\psi_x\right) - E_x\right\} + \left\{\frac{1}{\psi_y}\left(-\frac{\hbar^2}{2m}\cdot\frac{\partial^2\psi_y}{\partial y^2} + V(y)\psi_y\right) - E_y\right\}$$
$$+ \left\{\frac{1}{\psi_z}\left(-\frac{\hbar^2}{2m}\cdot\frac{\partial^2\psi_z}{\partial z^2} + V(z)\psi_z\right) - E_z\right\} = 0 \tag{4.40}$$

となる．ただし，エネルギーとポテンシャルを次のように分解した．

$$E = E_x + E_y + E_z \tag{4.41}$$

$$V(x, y, z) = V(x) + V(y) + V(z) \tag{4.42}$$

束縛を受けない粒子：　$V(x) = V(y) = V(z) = 0$　(4.43)

無限に深い井戸型ポテンシャル中の粒子（図 4.15）：

$$V(u) = \begin{cases} 0 & (0 < u < d_u) \\ & \\ \infty & (u < 0,\ u > d_u) \end{cases} \quad (u = x, y, z) \quad \begin{array}{l}(4.44\,\mathrm{a})\\ \\ (4.44\,\mathrm{b})\end{array}$$

式(4.40)の左辺の各項は，それぞれ x, y, z の関数であるから，式(4.40)が成り立つためには，それらがすべてゼロ，つまり

$$-\frac{\hbar^2}{2m}\cdot\frac{d^2\psi_u}{du^2} + V(u)\psi_u = E_u\psi_u \quad (u = x, y, z) \tag{4.45}$$

でなければならない．すなわち，各変数 x, y, z について，一次元粒子の場合と同じ波動方程式が成り立つ．

4.5 三次元自由粒子と井戸型ポテンシャル問題

束縛を受けない粒子の波動方程式は

$$-\frac{\hbar^2}{2m}\cdot\frac{d^2\psi_u}{du^2}=E_u\psi_u \quad (u=x,y,z)$$

だから

$$\psi_{x\pm}(x)\propto\exp(\pm ik_x x), \quad \psi_{y\pm}(y)\propto\exp(\pm ik_y y), \quad \psi_{z\pm}(z)\propto\exp(\pm ik_z z) \quad (4.46\,\text{a})$$

$$k_x=\frac{\sqrt{2mE_x}}{\hbar}, \quad k_y=\frac{\sqrt{2mE_y}}{\hbar}, \quad k_z=\frac{\sqrt{2mE_z}}{\hbar} \quad (4.46\,\text{b})$$

を得るので，三次元の解は

$$\psi(x,y,z)\propto\exp\{i(\pm k_x x\pm k_y y\pm k_z z)\}=\exp\{i\vec{k}\vec{r}\} \quad (4.47)$$

と表される．ここで，$\vec{k}=(\pm k_x,\pm k_y,\pm k_z)$は**波数ベクトル**と呼ばれ，$\vec{k}=(\pm k_x,0,0)$のとき式(4.46)は一次元の場合の式(4.15) と一致する．

無限に深い井戸型ポテンシャル中の粒子の境界条件（式 (4.44)）は，一次元の場合（式(4.20)）と同様に

$$\psi_x(0)=\psi_x(d_x)=0, \quad \psi_y(0)=\psi_y(d_y)=0, \quad \psi_z(0)=\psi_z(d_z)=0 \quad (4.48)$$

である．よって，各変数に関する規格化された波動関数とエネルギー固有値（式(4.22)）は

$$\psi_{n_u}(u)=\sqrt{\frac{2}{d_u}}\sin\left(\frac{n_u\pi}{d_u}u\right) \quad (u=x,y,z) \quad (4.49\,\text{a})$$

$$E_{n_u}=\frac{\pi^2\hbar^2}{2md_u^2}n_u^2 \quad (n_u=1,2,3,\cdots;u=x,y,z) \quad (4.49\,\text{b})$$

と求められる．全体の波動関数（式(4.39)）とエネルギー（式(4.41)）は，三つの量子数 n_x,n_y,n_z で決められ

無限に深い三次元井戸型ポテンシャル問題の解

$$\psi_{n_x,n_y,n_z}(x,y,z)=\sqrt{\frac{8}{d_x d_y d_z}}\sin\left(\frac{n_x\pi}{d_x}x\right)\sin\left(\frac{n_y\pi}{d_y}y\right)\sin\left(\frac{n_z\pi}{d_z}z\right) \quad (4.50\,\text{a})$$

$$E_{n_x,n_y,n_z}=\frac{\pi^2\hbar^2}{2m}\left\{\left(\frac{n_x}{d_x}\right)^2+\left(\frac{n_y}{d_y}\right)^2+\left(\frac{n_z}{d_z}\right)^2\right\} \quad (4.50\,\text{b})$$

$$(n_x,n_y,n_z=1,2,3,\cdots)$$

と表される．時間をも含めた波動関数は次式で与えられる．

$$\Psi_{n_x,n_y,n_z}(x,y,z,t)=\psi_{n_x,n_y,n_z}(x,y,z)\text{epx}(-i\hbar^{-1}E_{n_x,n_y,n_z}t) \quad (4.51)$$

ここで，$d_x=d_y=d_z=d$ である．無限に深い三次元等方的井戸型ポテンシャルの場合には

$$\psi_{n_x,n_y,n_z}(x,y,z)=\sqrt{\frac{8}{d^3}}\sin\left(\frac{n_x\pi}{d}x\right)\sin\left(\frac{n_y\pi}{d}y\right)\sin\left(\frac{n_z\pi}{d}z\right) \quad (4.52\,\text{a})$$

$$E_{n_x, n_y, n_z} = \frac{\pi^2 \hbar^2}{2md^2}(n_x^2 + n_y^2 + n_z^2) \tag{4.52b}$$

となる．式(4.52a)の波動関数は，n_x, n_y, n_zの組合せが異なれば違う状態を表すが，たまたま $n_x^2 + n_y^2 + n_z^2$ の値が一致すればエネルギー固有値（式(4.52b)）は同じ値になる．n個の状態のエネルギー固有値が等しいとき，系のエネルギーは **n重に縮退**しているという．無限に深い三次元等方的井戸型ポテンシャルの基底状態および第1励起状態のエネルギーと縮退の度合い（縮退度）を**表4.1**に示す．

表4.1 無限に深い三次元等方的（$d_x = d_y = d_z = d$）井戸型ポテンシャル中の粒子の基底状態および第1励起状態のエネルギー固有値 E_{n_x, n_y, n_z} と縮退度

	n_x n_y n_z	$n_x^2 + n_y^2 + n_z^2$	E_{n_x, n_y, n_z}	縮退度
基底状態	1 1 1	3	$\dfrac{3\pi^2\hbar^2}{2md^2}$	1（無縮退）
第1励起状態	$\begin{cases} 2\ 1\ 1 \\ 1\ 2\ 1 \\ 1\ 1\ 2 \end{cases}$	6	$\dfrac{3\pi^2\hbar^2}{md^2}$	3

本章のまとめ

❶ **定常状態** $V(x, y, z, t) = V(x, y, z)$ である系の状態（エネルギーの固有状態）
  (1) 波動関数は $\Psi(x, y, z, t) = \phi(x, y, z)\exp(-iEt/\hbar)$ と表される．
  (2) ϕ は時間を含まないシュレーディンガー方程式（式(4.2)）を満たす．

❷ **自由粒子** 全空間に広がった粒子
  (1) エネルギー固有値は連続的に任意の値を取る．
  (2) 凸型のポテンシャル障壁をトンネル効果で通り抜ける（量子効果）．

❸ **束縛粒子** 有限の領域に局在している粒子
  (1) エネルギー固有値は離散的な値しか取れない．
  (2) 無限に深い一次元井戸型ポテンシャル中の粒子の波動関数は $\phi_n \propto \sin\{(n\pi/d)x\}$，エネルギー固有値は $E_n = \hbar^2\pi^2 n^2/(2md^2)$ $(n = 1, 2, 3, \cdots)$
  (3) 無限に深い等方的（$d_x = d_y = d_z = d$）な三次元井戸型ポテンシャル中の粒子のエネルギー固有値は，基底状態以外は縮退している．

●理解度の確認●

問 4.1 式(4.22a)の ϕ_n の規格化因子を計算してみよ．

問 4.2 連立方程式，式(4.30), (4.31)を導出せよ．

問 4.3 式(4.35)の反射率と透過率を導出せよ．

5 演算子の性質とその応用

　本章では，量子力学で扱う演算子の性質の概略（線形性と交換関係）を学び，測定値を演算子と波動関数を用いて表す．また，波束の収縮と不確定性原理を定式化する．演算子のエルミート性と固有関数系の完全性は付録4に譲り，本書で扱う量子力学の内容を理解するために必要とされる最小限度にしぼった．より厳密な数学的基盤を知りたい読者は，他の教科書を参照されたい．本章の内容がなじみにくいと感じられる場合には，次章に読み進み，必要に応じて本章を参照してもよい．

5.1 演算子の線形性と重ね合わせの原理/波束の収縮

量子力学で扱う物理量 A に対応する演算子 $\widehat{A}$ は，すべて線形である．すなわち，任意の関数 $\varPhi_1, \varPhi_2, \cdots, \varPhi_n$ および定数 $c_1, c_2, \cdots, c_n$ に対して次式が成り立つ．

$$\widehat{A}(c_1\varPhi_1 + c_2\varPhi_2 + \cdots + c_n\varPhi_n) = c_1\widehat{A}\varPhi_1 + c_2\widehat{A}\varPhi_2 + \cdots + c\widehat{A}_n\varPhi_n \tag{5.1a}$$

$$\widehat{A}\sum_i c_i\varPhi_i = \sum_i c_i(\widehat{A}\varPhi_i) \quad 〔線形演算子の定義〕 \tag{5.1b}$$

表3.1に与えられている基本的な演算子（$\widehat{x}=x, \widehat{p}_x \propto \partial/\partial x, \widehat{E} \propto \partial/\partial t$ など）が線形演算子であることは自明である．また，ハミルトニアン演算子

$$\widehat{H} = -\frac{\hbar^2}{2m}\left(\frac{\partial^2}{\partial x^2} + \frac{\partial^2}{\partial y^2} + \frac{\partial^2}{\partial z^2}\right) + V(x,y,z)$$

が線形演算子であることは容易に示せる（問5.1）．

したがって，$\varPsi_1, \varPsi_2, \cdots, \varPsi_n$ がシュレーディンガー方程式

$$\widehat{H}\varPsi_i = \widehat{E}\varPsi_i \quad (i=1,2,\cdots,n) \tag{5.2}$$

を満たす波動関数であるとすると，それらの線形結合（一次結合）

$$\varPsi = \sum_{i=1}^n c_i\varPsi_i = c_1\varPsi_1 + c_2\varPsi_2 + \cdots + c_n\varPsi_n$$

も波動関数である．なぜなら，$\widehat{H}$ と $\widehat{E}$ の線形性（式(5.1)）と式(5.2)を用いて，$\varPsi$ がシュレーディンガー方程式を満たすことが次のように示せるからである．

$$\widehat{H}\varPsi = \widehat{H}\sum_i c_i\varPsi_i = \sum_i c_i\widehat{H}\varPsi_i = \sum_i c_i\widehat{E}\varPsi_i = \widehat{E}\sum_i c_i\varPsi_i = \widehat{E}\varPsi \tag{5.3}$$

それゆえ，次の重ね合わせの原理が成り立つ．

重ね合わせの原理

☆ 系の波動関数を $\varPsi_1, \varPsi_2, \varPsi_3, \cdots, \varPsi_n$ とすると，これらを重ね合わせた線形結合

$$\varPsi = \sum_{i=1}^n c_i\varPsi_i = c_1\varPsi_1 + c_2\varPsi_2 + \cdots + c_n\varPsi_n \tag{5.4}$$

もまた系の状態を表す波動関数である．$\varPsi$ を**重ね合わせ状態の波動関数**と呼ぶ．

重ね合わせの原理は，一般に固有値問題の解や，式(5.3)のように線形演算子で表現された微分方程式の解について成り立つので，古典論における弦の振動のフーリエ合成（図

2.17)，音響振動，電磁波などでも成り立つ．量子力学では，重ね合わせの原理から波束の収縮が導き出されて観測問題の出発点となり，また量子情報工学の基本ともなっているので特に重要である．

次に，波動関数に関する内積と直交を定義して，直交関数系について説明しよう．

任意の二つの波動関数 $\Psi(x, y, z, t)$ と $\Phi(x, y, z, t)$ について，Ψ の複素共役 Ψ^* と Φ の積を全空間内で積分したものを**内積**と呼び，(Ψ, Φ) と表す．すなわち

$$[定義] \quad 内 \quad 積 \quad (\Psi, \Phi) = \int \Psi^* \Phi \, dv \tag{5.5}$$

任意の波動関数 Ψ と Φ の内積がゼロであるとき Ψ と Φ は直交しているという．つまり

$$[定義] \quad 直 \quad 交 \quad (\Psi, \Phi) = 0 \tag{5.6}$$

波動関数の内積と直交は，空間ベクトルの内積（スカラー積）と直交に対比させられる（図 5.1）．

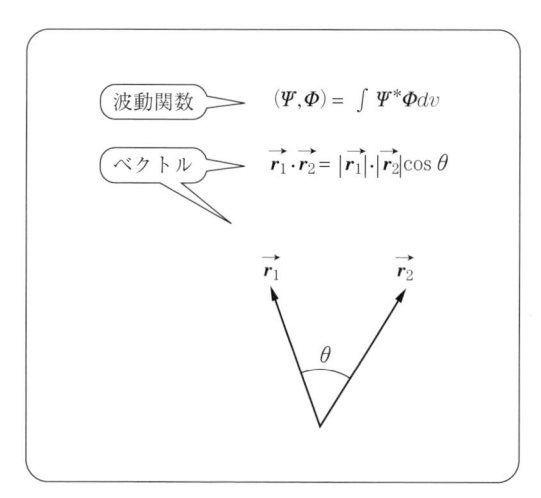

図 5.1 波動関数の内積とベクトルの内積
（$\theta = 90°$ が直交）の比較

波動関数 $\Psi_1, \Psi_2, \Psi_3, \Psi_4$ について次の関係が成り立つことが式 (5.5) から容易に示せる．

$$(\Psi_2, \Psi_1) = (\Psi_1, \Psi_2)^* \tag{5.7a}$$

$$(\Psi_1, c\Psi_2) = c(\Psi_1, \Psi_2), \quad (c\Psi_1, \Psi_2) = c^*(\Psi_1, \Psi_2) \quad (c：定数) \tag{5.7b}$$

$$(\Psi_1 + \Psi_2, \Psi_3 + \Psi_4) = (\Psi_1, \Psi_3) + (\Psi_1, \Psi_4) + (\Psi_2, \Psi_3) + (\Psi_2, \Psi_4) \tag{5.7c}$$

量子力学で用いる演算子 $\hat{A}$ の固有関数は，一般に無限個存在し，互いに直交する．つまり，それらの固有関数を $\Psi_1, \Psi_2, \cdots, \Psi_\infty$ とすると

$$(\Psi_i, \Psi_j) = 0 \quad (i \neq j) \tag{5.8}$$

である．このような固有関数の集まり $\Psi_i\,(i=1,2,\cdots,\infty)$ を**直交関数系**という．特に，それらの関数がすべて規格化され

$$(\Psi_i,\Psi_j)=1 \tag{5.9}$$

であるとき，**規格直交関数系**と呼ぶ．規格直交関数系は

$$(\Psi_i,\Psi_j)=\delta_{i,j}=\begin{cases}1 & (i=j)\\ 0 & (i\neq j)\end{cases}(i,j=1,2,\cdots,\infty) \quad \text{〔規格直交関数系〕} \tag{5.10}$$

と表すことができる．δ_{ij} は**クロネッカーのデルタ**と呼ばれる．

規格直交関数系 $\Psi_1,\Psi_2,\Psi_3,\cdots,\Psi_n$ は，3次元直交座標系を拡張した n 次元の直交座標系の各座標軸方向の単位ベクトル $\vec{e}_1,\vec{e}_2,\cdots,\vec{e}_n$（$|\vec{e}_i|=1$）に対比させられる（**図5.2**）．$n$ 次元空間内の任意の一点が一次結合 $c_1\vec{e}_1+c_2\vec{e}_2+\cdots+c_n\vec{e}_n$ で表されることが，重ね合わせの状態が $\Psi_1,\Psi_2,\Psi_3,\cdots,\Psi_n$ の一次結合で表されること（式(5.4)）と対応している．

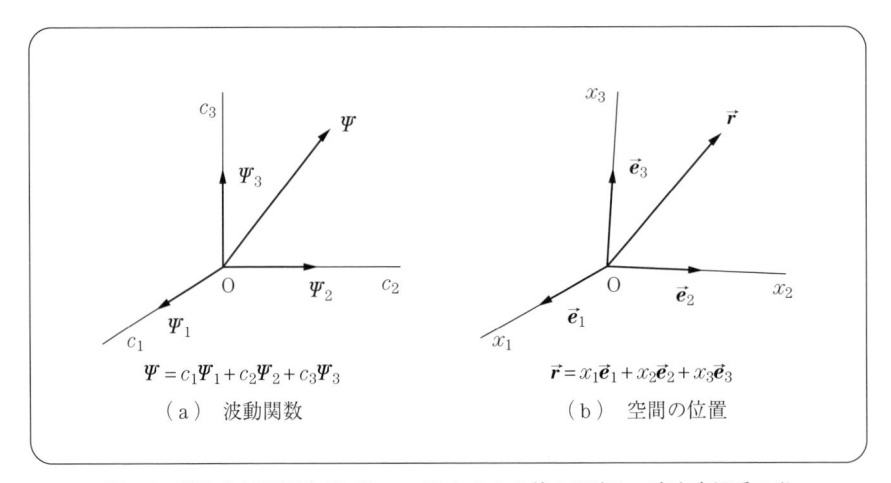

図5.2 規格直交関数系 $\Psi_1,\Psi_2,\cdots,\Psi_n$ による状態の記述と，直交座標系の単位ベクトル $\vec{e}_1,\vec{e}_2,\cdots,\vec{e}_n$ を用いた位置の記述の比較（三次元の場合）

ここで，規格直交関数系をなす波動関数 $\Psi_1,\Psi_2,\cdots,\Psi_\infty$（$\widehat{H}$ の固有関数）が，たまたま演算子 $\widehat{A}$ の固有関数でもあり，それぞれの固有値が $a_1,a_2,\cdots,a_\infty$ であるとする．すなわち

$$\widehat{A}\Psi_i=a_i\Psi_i \quad (i=1,2,\cdots,\infty) \tag{5.11}$$

$\Psi_1,\Psi_2,\cdots,\Psi_n$ の重ね合わせ状態で物理量 A を測定すると，その測定値は式(3.25)の期待値 $\langle A\rangle$ で与えられる．そこで，式(5.4)を式(3.25)に代入し，式(5.1)，(5.10)を用いて

$$\langle A\rangle=\frac{\left(\sum_{i=1}^{n}c_i\Psi_i,\widehat{A}\left(\sum_{j=1}^{n}c_j\Psi_j\right)\right)}{\left(\sum_{i=1}^{n}c_i\Psi_i,\sum_{j=1}^{n}c_j\Psi_j\right)}=\frac{\left(\sum_{i=1}^{n}c_i\Psi_i,\left(\sum_{j=1}^{n}c_j\widehat{A}\Psi_j\right)\right)}{\left(\sum_{i=1}^{n}c_i\Psi_i,\sum_{j=1}^{n}c_j\Psi_j\right)}=\frac{\left(\sum_{i=1}^{n}c_i\Psi_i,\left(\sum_{j=1}^{n}c_ja_j\Psi_j\right)\right)}{\left(\sum_{i=1}^{n}c_i\Psi_i,\sum_{j=1}^{n}c_j\Psi_j\right)} \tag{5.12}$$

を得る．$\Psi_i\,(i=1,2,\cdots,\infty)$ が規格化されているので式(5.12)の分子と分母は式(5.7)より

$$\text{分子} = \sum_{i=1}^{n} c_i{}^* c_i a_i (\Psi_i, \Psi_i) + \sum_{i \neq j}^{n} c_i{}^* c_j a_j (\Psi_i, \Psi_j) = \sum_{i=1}^{n} |c_i|^2 a_i \tag{5.13a}$$

$$\text{分母} = \sum_{i=1}^{n} c_i{}^* c_i (\Psi_i, \Psi_i) + \sum_{i \neq j}^{n} c_i{}^* c_j (\Psi_i, \Psi_j) = \sum_{i=1}^{n} |c_i|^2 \tag{5.13b}$$

と計算されるので，次式が得られる．

$$\langle A \rangle = \frac{\sum_{i=1}^{n} |c_i|^2 a_i}{\sum_{i=1}^{n} |c_i|^2} = \frac{|c_1|^2 a_1 + |c_2|^2 a_2 + \cdots + |c_n|^2 a_n}{|c_1|^2 + |c_2|^2 + \cdots + |c_n|^2} \tag{5.14}$$

〔重ね合わせ状態の測定値（期待値）〕

式(5.14)は，測定値は固有値 $a_1, a_2, \cdots, a_n$ を係数 $|c_1|^2, |c_2|^2, \cdots, |c_n|^2$ で加重平均した期待値（平均値）であることを表している．このことから，次のように**波束の収縮**（**状態の収縮**ともいう）の解釈がなされている．

$\hat{A}$ の固有関数 Ψ_i を重ね合わせた $\sum_{i=1}^{n} c_i \Psi_i$ の状態で物理量 A を測定すると，系は Ψ_m で表される一つの固有状態に $|c_m|^2 / \sum_{i=1}^{n} |c_i|^2$ の確率で収縮して固有値 a_m が得られる．

〔波束の収縮の解釈〕

量子情報工学では，波束の収縮の解釈に関する論争を棚上げして，状態の収縮現象を利用している．

無限に深い一次元井戸型ポテンシャル中の粒子の運動量の期待値を式(5.14)から計算すると $\langle p_x \rangle = 0$ となる（問5.2）．これは，固有状態が

$$\phi_n \propto \sin\left(\frac{n\pi x}{d}\right) \propto \exp\left(\frac{in\pi x}{d}\right) - \exp\left(-\frac{jn\pi x}{d}\right)$$

のように，右進行波と左進行波とが1:1で重ね合わされているからである．

さて，本書では省略したが，量子力学で扱う演算子はエルミート演算子である．これは，観測値（固有値）が実数であるためである．また，エルミート演算子の固有関数は完全系をなしている（"付録4．エルミート演算子・完全直交系と演算子の行列表示"参照）

5.2 演算子の交換関係と不確定性原理

普通の数とは異なり，演算子 $\hat{A}$ と $\hat{B}$ の積 $\hat{A}\hat{B}$ は，必ずしも $\hat{B}\hat{A}$ と同じでない．例えば

$$\hat{A} = \hat{x} = x, \quad \hat{B} = \hat{p}_x = -i\hbar \frac{\partial}{\partial x}$$

とすると

$$\hat{A}\hat{B}\Phi = \left[x\left(-i\hbar\frac{\partial}{\partial x}\right)\right]\Phi = x\left[\left(-i\hbar\frac{\partial}{\partial x}\right)\Phi\right] = -i\hbar x\frac{\partial\Phi}{\partial x} \tag{5.15 a}$$

$$\hat{B}\hat{A}\Phi = \left[\left(-i\hbar\frac{\partial}{\partial x}\right)x\right]\Phi = -i\hbar\frac{\partial}{\partial x}(x\Phi) = -i\hbar\left(\Phi + x\frac{\partial\Phi}{\partial x}\right) \tag{5.15 b}$$

であるから, $(\hat{A}\hat{B} - \hat{B}\hat{A})\Phi = -i\hbar\Phi$ を得る. そこで

$$\hat{A}\hat{B} - \hat{B}\hat{A} = \hat{x}\hat{p}_x - \hat{p}_x\hat{x} = -i\hbar \tag{5.16}$$

と表すことができる. $\hat{A}\hat{B}$ と $\hat{B}\hat{A}$ の差を**交換子**といい, $[\hat{A}, \hat{B}]$, すなわち

$$[\hat{A}, \hat{B}] = \hat{A}\hat{B} - \hat{B}\hat{A} \quad \text{〔交換子の定義〕} \tag{5.17}$$

と表す. また, 演算子 $\hat{A}$ と $\hat{B}$ の交換関係を

$$[\hat{A}, \hat{B}] = 0 \quad (\hat{A}\hat{B} = \hat{B}\hat{A}) \text{ のとき「交換可能」(または「可換」)}$$
$$[\hat{A}, \hat{B}] \neq 0 \quad (\hat{A}\hat{B} \neq \hat{B}\hat{A}) \text{ のとき「交換不可能」(または「非可換」)}$$

と表現する. 量子力学では, 演算子の交換関係にもとづく次の定理が成り立つ.

> 二つの演算子 $\hat{A}$ と $\hat{B}$ が共通の固有関数を持つならば, 両者は交換可能である. 逆に $\hat{A}$ と $\hat{B}$ が可換ならば共通の固有関数を持ち, したがって物理量 A と B の観測値は同時にそれらの固有値に確定する.
>
> 〔共通の固有関数に関する定理〕

前半は次のように証明できる. $\hat{A}$ と $\hat{B}$ の共通の固有関数を $\Psi_1, \Psi_2, \cdots, \Psi_\infty$ とし

$$\hat{A}\Psi_i = a_i\Psi_i, \quad \hat{B}\Psi_i = b_i\Psi_i \quad (i = 1, 2, \cdots, \infty) \tag{5.18}$$

であるとしよう. 任意の線形結合関数 $\Psi = \sum_{i=1}^{n} c_i\Psi_i$ に対して, $\hat{A}$ と $\hat{B}$ が線形演算子であることから

$$\hat{A}\hat{B}\Psi = \hat{A}\hat{B}\sum_{i=1}^{n}c_i\Psi_i = \hat{A}\sum_{i=1}^{n}c_i\hat{B}\Psi_i = \hat{A}\sum_{i=1}^{n}c_ib_i\Psi_i = \sum_{i=1}^{n}c_ib_i\hat{A}\Psi_i = \sum_{i=1}^{n}c_ib_ia_i\Psi_i \tag{5.19 a}$$

$$\hat{B}\hat{A}\Psi = \hat{B}\hat{A}\sum_{i=1}^{n}c_i\Psi_i = \hat{B}\sum_{i=1}^{n}c_i\hat{A}\Psi_i = \hat{B}\sum_{i=1}^{n}c_ia_i\Psi_i = \sum_{i=1}^{n}c_ia_i\hat{B}\Psi_i = \sum_{i=1}^{n}c_ia_ib_i\Psi_i \tag{5.19 b}$$

となり, $\hat{A}\hat{B}\Psi = \hat{B}\hat{A}\Psi$ が成り立つ. 逆の証明は省略する.

この定理から, $\hat{A}$ と $\hat{B}$ が交換可能ならば, 両者に共通の固有関数が存在するので, A と B の測定値は同時に特定の値 ($\hat{A}$ の固有値と $\hat{B}$ の固有値) に定まる. $\hat{A}$ と $\hat{B}$ が非可換ならば, 共通の固有関数は存在しない. このため, 物理量 A と B の測定値が同時に確定する

ことはなく，それぞれの期待値$\langle A \rangle$，$\langle B \rangle$の周りにばらつく．このばらつき度合いを表す標準偏差 $\Delta A'$, $\Delta B'$ は，Ψ が規格化されているとして

$$\Delta A' = \sqrt{(\Psi, (\hat{A} - \langle A \rangle)^2 \Psi)}, \quad \Delta B' = \sqrt{(\Psi, (\hat{B} - \langle B \rangle)^2 \Psi)}$$

で与えられる．両者の間には，交換子を用いた次式の不等式が成立する†．

$$\Delta A' \cdot \Delta B' \geqq \frac{1}{2}\left|\left(\Psi, i\left[\hat{A}, \hat{B}\right]\Psi\right)\right| \tag{5.20}$$

$\hat{x} = x$, $\hat{B} = \hat{p}_x = -i\hbar\,\partial/\partial x$ の場合，式(5.16)を式(5.20)に代入して，式(3.13)の不確定性関係式が導かれる．エネルギー演算子 $\hat{E} = i\hbar\,\partial/\partial t$ と時間の演算子 $\hat{t} = t$ の間にも，同様の不確定性関係（式(3.14)）が得られる．

式(5.20)は，人知の限界を明らかにした不確定性原理を定式化している．

☕ 談 話 室 ☕

知の限界　ある理論の限界を見出した人こそ最も深くその理論を理解したといえよう．アインシュタインは，電磁波を伝える仮想物質エーテルに立脚したマクスウェルの電磁波論の限界を極めて，相対性理論を樹立した．古典論の限界を示す黒体放射の謎などを解決するために，古典論を逸脱する仮定を導入したプランクらによって量子力学の端緒が開かれた．

カントは，ニュートン力学の基本原理，すなわち，絶対時間，ユークリッド幾何学の公理，因果律，質量保存則などは疑い得ない真理であるとみなし，科学の更なる発展によってその確実性が保証されるであろうと考えた．しかし，その期待が相対性理論と量子力学によって打ち砕かれたとき，「認識論の危機」，すなわち人知の危機と感じた哲学者も現れた．

だが，「知の限界」を知ることは，むしろ「知」を深化させ，自然科学の新機軸を打ち出す原動力となる．論理学を数学化したゲーデルは，「不完全性定理」を発表して，「いかなる論理体系にも，正しいとも誤りとも証明できない命題が必ず存在し，自分自身が正しいことを証明できない」ことを明らかにした．つまり「知」の限界を明らかにし，人々を驚かせた．しかし，ゲーデルの不完全性定理から，有限のメモリをもったコンピュータによる情報処理の限界を知った上でプログラミングする際の指導原理が与えられた．

自らの無知を自覚することから出発したソクラテス以来，知の限界をわきまえることが，近代科学を産み出した西欧思想の根幹に流れている．

---

† 証明は他書にゆずる（例えば文献1）のp.93, p.98）．

「人がもし，何かを知っていると思ったら，その人はまだ知らなければならないほどのことも知ってはいないのです」（新約聖書，コリント前書8章2節より）

本章のまとめ

❶ **線形演算子** 量子力学で用いる演算子 $\hat{A}$ は線形であり，$\hat{A}\sum_i c_i \Phi_i = \sum_i c_i \hat{A} \Phi_i$ を満たす．

❷ **重ね合わせの原理** 波動関数（シュレーディンガー方程式の解）$\Psi_1, \Psi_2, \cdots, \Psi_n$ の線形結合である次式もまた波動関数である．

$$\Psi = \sum_{i=1}^{n} c_i \Psi_i = c_1 \Psi_1 + c_2 \Psi_2 + \cdots + c_n \Psi_n$$

❸ **直交関数系** 演算子 $\hat{A}$ は，無限個の固有関数 $\Psi_1, \Psi_2, \cdots, \Psi_\infty$ をもち，それらは互いに直交する．つまり次式を満たす．

$$(\Psi_i, \Psi_j) \propto \delta_{i,j} = \begin{cases} 1 & (i=j) \\ 0 & (i \neq j) \end{cases} \quad (i, j = 1, 2, \cdots, \infty)$$

❹ **重ね合わせ状態の測定値** $\hat{A}$ の固有関数の重ね合わせ状態 $\sum_i c_i \Psi_i$ で物理量 A を測定すると，その測定値は固有値 $a_1, a_2, \cdots, a_n$ を係数 $|c_1|^2, |c_2|^2, \cdots, |c_n|^2$ で加重平均した期待値で与えられる．

●理解度の確認●

問 5.1 ハミルトニアン演算子 $\hat{H}$ が線形であることを示せ．

問 5.2 無限に深い一次元井戸型ポテンシャル中の粒子の運動量の期待値がゼロであることを示せ．

問 5.3 無限に深い井戸型ポテンシャル中の粒子の波動関数が，式 (4.22 a) の規格化された固有関数を用いて，$\psi = \psi_1 + 2\psi_2$ で与えられているとする．

（1） この波動関数を規格化せよ．

（2） この粒子のエネルギーを測定するとどのような値がどのように得られるか．

問 5.4 $\hat{x} = x$ と $\hat{p}_x = -i\hbar\, \partial/\partial x$ の間，および $\hat{E} = i\hbar\, \partial/\partial t$ と $\hat{t} = t$ の間の不確定性関係（式 (3.13)，(3.14)）を導け．

6 水素原子と軌道角運動量

　本章では，電子がクーロン力で原子核に引きつけられている水素原子のシュレーディンガー方程式を解いて，波動関数とエネルギー固有値を求める．前章で述べたように，水素原子のハミルトニアン演算子は，軌道角運動量演算子と交換可能であるから，水素原子の定常状態ではエネルギーのみならず電子の軌道角運動量も確定している．水素原子の電子雲の空間的な広がり具合，および角運動量ベクトルの大きさと方向が量子化される（離散的になる）ことなどを学ぶ．

6.1 波動方程式の解法

水素原子の中心にある原子核（電荷 $+e$ を持つ陽子）の位置を原点にとり，そこから電子までの距離（動径）を r とする．電子（電荷 $-e$，質量 m）にはクーロンポテンシャル

$$V(r) = -\frac{e^2}{4\pi\varepsilon_0 r} \tag{6.1}$$

が働く．$V(r)$ は時間に依存しないので，水素原子は定常状態にあり，波動関数

$$\Psi(x, y, z, t) = \phi(x, y, z)\exp\left(-i\hbar^{-1}Et\right)$$

の位置座標の波動関数 $\phi(x, y, z)$ は，次のような時間を含まないシュレーディンガー方程式を満たす．

$$\widehat{H}\phi = \left\{-\frac{\hbar^2}{2m}\nabla^2 - \frac{e^2}{4\pi\varepsilon_0 r(x,y,z)}\right\}\phi = E\phi \tag{6.2}$$

このような中心力場の問題では，図 6.1 に示す極座標 (r, θ, ϕ) を用いる．

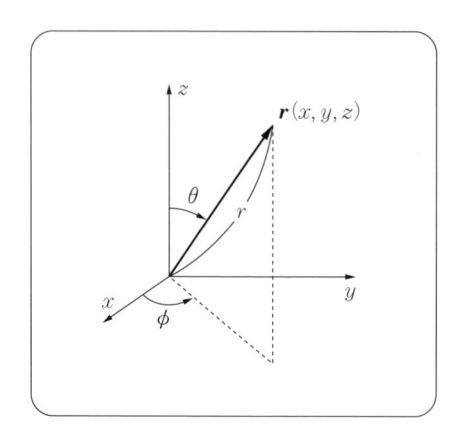

図 6.1　3 次元極座標 (r, θ, ϕ)

極座標は，直交座標と

$$x = r\sin\theta\cos\phi, \qquad y = r\sin\theta\sin\phi, \qquad z = r\cos\theta \tag{6.3}$$

$$r = \sqrt{x^2 + y^2 + z^2}, \qquad \tan\theta = \frac{\sqrt{x^2+y^2}}{z}, \qquad \tan\phi = \frac{y}{x} \tag{6.4}$$

で結ばれる．変域は

$$0 \leq r \leq \infty, \qquad 0 \leq \theta \leq \pi, \qquad 0 \leq \phi \leq 2\pi \tag{6.5}$$

であり，体積素片は式(6.6)で表される．

$$dv = r^2 \sin\theta \, dr \, d\theta \, d\phi \tag{6.6}$$

∇^2 は式(6.3),(6.4)および

$$\frac{\partial}{\partial x} = \frac{\partial r}{\partial x} \cdot \frac{\partial}{\partial r} + \frac{\partial \theta}{\partial x} \cdot \frac{\partial}{\partial \theta} + \frac{\partial \phi}{\partial x} \cdot \frac{\partial}{\partial \phi}$$

などを用いて

$$\begin{aligned}\nabla^2 &= \frac{1}{r^2} \cdot \frac{\partial}{\partial r}\left(r^2 \frac{\partial}{\partial r}\right) + \frac{1}{r^2 \sin\theta} \cdot \frac{\partial}{\partial \theta}\left(\sin\theta \frac{\partial}{\partial \theta}\right) + \frac{1}{r^2 \sin^2\theta} \cdot \frac{\partial^2}{\partial \phi^2} \\ &= \frac{1}{r^2} \cdot \frac{\partial}{\partial r}\left(r^2 \frac{\partial}{\partial r}\right) + \frac{1}{r^2}\left(\frac{-\hat{\boldsymbol{l}}^2}{\hbar^2}\right)\end{aligned} \tag{6.7}$$

と表される.ここで,$\hat{\boldsymbol{l}}$ は電子の軌道運動に伴う角運動量演算子(ベクトル)$\hat{\boldsymbol{l}} = \hat{\boldsymbol{r}} \times \hat{\boldsymbol{p}} = \boldsymbol{r} \times (-i\hbar\nabla)$ である.その各成分と絶対値の2乗は,次のように与えられる.

$$\hat{l}_x = -i\hbar\left(y\frac{\partial}{\partial z} - z\frac{\partial}{\partial y}\right) = i\hbar\left(\sin\phi \frac{\partial}{\partial \theta} + \cot\theta \cos\phi \frac{\partial}{\partial \phi}\right) \tag{6.8a}$$

$$\hat{l}_y = -i\hbar\left(z\frac{\partial}{\partial x} - x\frac{\partial}{\partial z}\right) = i\hbar\left(-\cos\phi \frac{\partial}{\partial \theta} + \cot\theta \sin\phi \frac{\partial}{\partial \phi}\right) \tag{6.8b}$$

$$\hat{l}_z = -i\hbar\left(x\frac{\partial}{\partial y} - y\frac{\partial}{\partial x}\right) = -i\hbar\frac{\partial}{\partial \phi} \tag{6.8c}$$

$$\hat{\boldsymbol{l}}^2 = \hat{l}_x^2 + \hat{l}_y^2 + \hat{l}_z^2 = -\hbar^2\left\{\frac{1}{\sin\theta} \cdot \frac{\partial}{\partial \theta}\left(\sin\theta \frac{\partial}{\partial \theta}\right) + \frac{1}{\sin^2\theta} \cdot \frac{\partial^2}{\partial \phi^2}\right\} \tag{6.8d}$$

式(6.2)の { } 内の ∇^2 に式(6.7)を代入してハミルトニアン演算子は

$$\hat{H} = -\frac{\hbar^2}{2m} \cdot \frac{1}{r^2} \cdot \frac{\partial}{\partial r}\left(r^2 \frac{\partial}{\partial r}\right) + \frac{1}{2mr^2}\hat{\boldsymbol{l}}^2 - \frac{e^2}{4\pi\varepsilon_0 r} \tag{6.9}$$

と表される.右辺の第1項は動径方向の運動エネルギーを,第2項は回転運動(角運動量)のエネルギーを,第3項はポテンシャルエネルギーを表す.

極座標で表したシュレーディンガー方程式

$$\left\{-\frac{\hbar^2}{2m} \cdot \frac{1}{r^2} \cdot \frac{\partial}{\partial r}\left(r^2 \frac{\partial}{\partial r}\right) + \frac{1}{2mr^2}\hat{\boldsymbol{l}}^2 - \frac{e^2}{4\pi\varepsilon_0 r}\right\}\psi(r,\theta,\phi) = E\psi(r,\theta,\phi) \tag{6.10}$$

を解くために,波動関数が,動径 r の関数 $R(r)$ と角度変数 θ, ϕ の関数 $Y(\theta,\phi)$ の積

$$\psi(r,\theta,\phi) = R(r)Y(\theta,\phi) \tag{6.11}$$

で表されると仮定する.式(6.11)を式(6.10)に代入して整理し,両辺を $RY/(2mr^2)$ で割ると

$$\frac{2mr^2}{R}\left\{-\frac{\hbar^2}{2m} \cdot \frac{1}{r^2} \cdot \frac{\partial}{\partial r}\left(r^2 \frac{\partial R}{\partial r}\right)\right\} + 2mr^2\left\{-\frac{e^2}{4\pi\varepsilon_0 r} - E\right\} = -\frac{1}{Y}\hat{\boldsymbol{l}}^2 Y \tag{6.12}$$

となる.この式の左辺は r のみの関数,右辺は θ, ϕ のみの関数であるから,これが恒等的に成立するためには定数でなければならない.この定数を $-\lambda\hbar^2$ とおくと,変数分離された二つの方程式

6. 水素原子と軌道角運動量

$$-\frac{\hbar^2}{2m}\cdot\frac{1}{r^2}\cdot\frac{\partial}{\partial r}\left(r^2\frac{\partial R}{\partial r}\right)+\frac{\lambda\hbar^2}{2mr^2}R-\frac{e^2}{4\pi\varepsilon_0 r}R=ER \tag{6.13}$$

$$\hat{l}^2 Y = \lambda\hbar^2 Y \tag{6.14}$$

が得られる．

式(6.14)は，角度関数 $Y(\theta,\phi)$ が $\hat{l}^2$ の固有関数であり，その固有値が $\lambda\hbar^2$ であることを示している．式(6.8 d)を式(6.14)に代入して

$$-\frac{1}{\sin\theta}\cdot\frac{\partial}{\partial\theta}\left(\sin\theta\frac{\partial Y}{\partial\theta}\right)-\frac{1}{\sin^2\theta}\cdot\frac{\partial^2 Y}{\partial\phi^2}=\lambda Y \tag{6.15}$$

を得る．これを解くために

$$Y(\theta,\phi)=\Theta(\theta)\Phi(\phi) \tag{6.16}$$

とおいて，式(6.15)に代入して整理すると

$$\frac{\sin^2\theta}{\Theta}\cdot\frac{1}{\sin\theta}\cdot\frac{d}{d\theta}\left(\sin\theta\frac{d\Theta}{d\theta}\right)+\lambda\sin^2\theta=-\frac{1}{\Phi}\cdot\frac{d^2\Phi}{d\phi^2} \tag{6.17}$$

となる．式(6.17)の左辺は θ のみの関数，右辺は ϕ のみの関数であるから，この式が恒等的に成り立つためには定数でなければならない．この定数を m_l^2 とおくと

$$\frac{1}{\sin\theta}\cdot\frac{d}{d\theta}\left(\sin\theta\frac{d\Theta}{d\theta}\right)+\left(\lambda-\frac{m_l^2}{\sin^2\theta}\right)\Theta=0 \tag{6.18}$$

$$\frac{d^2\Phi}{d\phi^2}=-m_l^2\Phi \tag{6.19}$$

を得る．

式(6.19) の規格化 $\left(\int_0^{2\pi}|\Phi|^2\,d\phi=1\right)$ された解は

$$\Phi(\phi)=\Phi_{m_l}(\phi)=\frac{1}{\sqrt{2\pi}}\exp(im_l\phi) \tag{6.20}$$

という指数関数で与えられる．ここで，$\Phi(\phi)$，したがって全体の波動関数 $\psi(x,y,z)$ が1価の関数であるためには，境界条件

$$\Phi_{m_l}(\phi+2\pi)=\Phi_{m_l}(\phi) \tag{6.21}$$

を満たさなければならない．これより $\exp(im_l 2\pi)=1$，つまり m_l は0または正負の整数，すなわち

$$m_l=0,\pm 1,\pm 2,\cdots \tag{6.22}$$

に定まる．

式(6.18)の θ に関する微分方程式は，$l\geq|m_l|$ である整数 l を用いて，λ が

$$\lambda=l(l+1) \tag{6.23 a}$$

$$l=0,1,2,\cdots,|m_l| \tag{6.23 b}$$

と与えられるときにのみ θ の全域で発散しない解が得られる．この解は，量子数 l と m_l で

指定される**ルジャンドルの陪関数**と呼ばれる関数で与えられる（詳細は他書を参照されたい）．これを Θ_{l,m_l} とすると，最初のいくつかは

$l = 0 : \Theta_{0,0} \propto 1$ (6.24 a)

$l = 1 : \Theta_{1,0} \propto \cos\theta, \qquad \Theta_{1,\pm 1} \propto \sin\theta$ (6.24 b)

$l = 2 : \Theta_{2,0} \propto 3\cos^2\theta - 1, \qquad \Theta_{2,\pm 1} \propto \sin\theta\cos\theta, \qquad \Theta_{2,\pm 2} \propto \sin^2\theta$ (6.24 c)

のとおりである．

動径関数 $R(r)$ を決める微分方程式は，式(6.13)に式(6.23 a)を代入して

$$-\frac{\hbar^2}{2m}\left[\frac{1}{r^2}\cdot\frac{\partial}{\partial r}\left(r^2\frac{\partial R}{\partial r}\right) - \frac{l(l+1)}{r^2}R\right] - \left(\frac{e^2}{4\pi\varepsilon_0 r} + E\right)R = 0 \tag{6.25}$$

となる．この微分方程式は，エネルギー E が，$n \geq l+1$ である自然数 n により

$$E = E_n = -\frac{me^4}{8\varepsilon_0^2 h^2}\cdot\frac{1}{n^2} = -\frac{e^2}{8\pi\varepsilon_0 a_0 n^2} \qquad (n = 1, 2, 3, \cdots) \tag{6.26}$$

で与えられるときにのみ $R(\infty) = 0$ である解を持つ（a_0 はボーア半径）．水素原子の電子は原子核に引きつけられているので，無限遠（$r = \infty$）では波動関数がゼロになるという境界条件が課せられるのである．このとき，式(6.25)の解は，量子数 n と l で指定され

$$R_{n,l}(r) \propto \left[\frac{r}{na_0}\text{の}(n-1)\text{次の多項式}\right] \times \exp\left(-\frac{r}{na_0}\right) \tag{6.27}$$

という形をした**ラゲールの陪関数**と呼ばれる関数で与えられる．指数関数 $\exp(-r/na_0)$ のおかげ $r = \infty$ で R がゼロに減衰する．$R_{n,l}(r)$ のいくつかは

$R_{1,0}(r) \propto \exp\left(-\dfrac{r}{a_0}\right)$ (6.28 a)

$R_{2,0}(r) \propto \left\{1 - \left(\dfrac{r}{2a_0}\right)\right\}\exp\left(-\dfrac{r}{2a_0}\right)$ (6.28 b)

$R_{2,1}(r) \propto \left(\dfrac{r}{2a_0}\right)\exp\left(-\dfrac{r}{2a_0}\right)$ (6.28 c)

$R_{3,0}(r) \propto \left\{1 - 2\left(\dfrac{r}{3a_0}\right) + \dfrac{2}{3}\left(\dfrac{r}{3a_0}\right)^2\right\}\exp\left(-\dfrac{r}{3a_0}\right)$ (6.28 d)

$R_{3,1}(r) \propto \left(\dfrac{r}{3a_0}\right)\left\{1 - \dfrac{1}{2}\left(\dfrac{r}{3a_0}\right)\right\}\exp\left(-\dfrac{r}{3a_0}\right)$ (6.28 e)

$R_{3,2}(r) \propto \left(\dfrac{r}{3a_0}\right)^2\exp\left(-\dfrac{r}{3a_0}\right)$ (6.28 f)

のとおりである．

式(6.26)のエネルギー固有値は，ボーアの原子模型のエネルギー（式(2.17)）と一致している．エネルギーは，量子数 n だけで定まり，l や m_l によらない．n を**主量子数**，l を**方位量子数**，m_l を**磁気量子数**と呼ぶ．

以上から，水素原子の固有状態の波動関数とエネルギーは次のように与えられる．

$$\psi_{n,l,m_l}(r,\theta,\phi) \propto R_{n,l}(r)\Theta_{l,m_l}(\theta)\exp(im_l\phi) \qquad (6.29\,\text{a})$$

$$E_n = -\frac{me^4}{8\varepsilon_0^2 h^2} \cdot \frac{1}{n^2} = -\frac{e^2}{8\pi\varepsilon_0 a_0 n^2} \qquad (6.29\,\text{b})$$

$$n = 1, 2, 3, \cdots \qquad \text{(主量子数)} \qquad (6.29\,\text{c})$$

$$l = 0, 1, 2, \cdots, (n-1) \qquad \text{(方位量子数)} \qquad (6.29\,\text{d})$$

$$m_l = 0, \pm 1, \pm 2, \cdots, \pm l \qquad \text{(磁気量子数)} \qquad (6.29\,\text{e})$$

6.2 動径関数と電子雲の広がり

電子の軌道角運動量にかかわる量子数 l と m_l は，次節で説明するように波動関数の角度依存性を決めている．量子力学では l のおのおのの値に対して，次のようにアルファベット文字をあてはめる．

$l = 0,\ 1,\ 2,\ 3,\ 4,\ 5,\ \cdots$
　　$s,\ p,\ d,\ f,\ g,\ h,\ \cdots$　　（以下，アルファベット順）

これらのアルファベット文字を用いて，$l=0$ の状態を s 状態，$l=1$ の状態を p 状態などと呼ぶ．また，主量子数 n と組み合わせて，例えば，$n=2, l=1$ の状態を $2p$ 状態と呼ぶ．

一つの n の値に対して，l は $0,1,2,\cdots,(n-1)$ の n 個の値をとり，また定められた l に対して，m_l は $-l, -l+1, \cdots, l-1, l$ という $2l+1$ 個の値をとることができる．したがって，一つの主量子数 n に対して，$\sum_{l=0}^{n-1}(2l+1) = n^2$ 個の状態が存在し，これらのエネルギーがすべて等しい．つまりエネルギー E_n は n^2 重に縮退している．この様子を**図 6.2** に示す．

水素原子では，電子がクーロン力で陽子の近傍に閉じ込められた束縛状態にあるのでエネルギーが離散値をとる (p.56)．もし，電子が陽子からのクーロン力を振り切って，空間の全領域で存在できるようになれば，$E > 0$ である任意のエネルギー値を持つようになる．これが自由電子の状態（**図 6.3**）であり，水素原子はイオン化された H^+ になる．束縛状態にある電子を自由電子にするために要求されるエネルギーが**イオン化エネルギー**（イオン化ポテンシャル）である．

ここで，波動関数の r 依存性を考え，量子数 n, l の状態にある電子が r と $r+dr$ との間に見いだされる確率を $P_{n,l}(r)dr$ で表そう．$R_{n,l}, \Theta_{l,m_l}, \Phi(\phi)$ のおのおのが規格化され

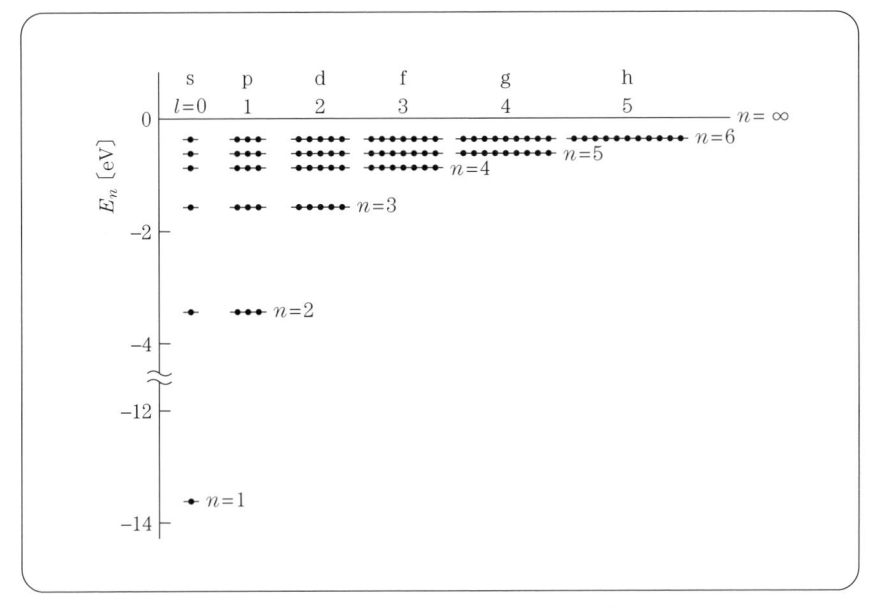

図 6.2 水素原子のエネルギー E_n とその縮退（スピンを考慮せず，$n = 6$ までのみを描く）

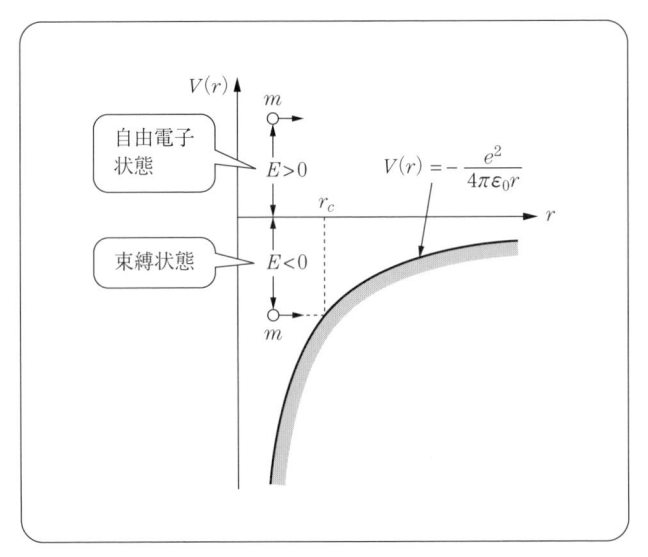

図 6.3 水素原子の電子に対するポテンシャルエネルギー $V(r)$，および束縛状態 $(E < 0)$ と自由電子状態 $(E > 0)$，r_c は古典的運動の折り返し点

ているとして

$$P_{n,l}(r)dr = \int_0^{2\pi} \int_0^{\pi} |R_{n,l}(r)|^2 \, |\Theta_{l,m_l}(\theta)\Phi(\phi)|^2 \, r^2 \sin\theta dr d\theta d\phi$$

$$= r^2 |R_{n,l}(r)|^2 \, dr \left\{ \int_0^{\pi} |\Theta_{l,m_l}(\theta)|^2 \sin\theta d\theta \right\} \left\{ \int_0^{2\pi} |\Phi(\phi)|^2 \, d\phi \right\}$$

6. 水素原子と軌道角運動量

$$= r^2 |R_{n,l}(r)|^2 \, dr \tag{6.30}$$

を得る．それゆえ

$$P_{n,l}(r) = r^2 |R_{n,l}(r)|^2 \tag{6.31}$$

である．

いくつかの量子状態の波動関数 $R_{n,l}(r)$ と動径方向の確率密度 $P_{n,l}(r)$ を図 6.4，図 6.5 に示す．$r=0$ で，すべての n, l について $P_{n,l}(0)=0$ である．これは，ボーアが仮定したように，水素原子の定常状態では，電子が原子核に落ち込まないことを表している．$P_{n,l}(r)$ は $n-l$ 個のピークをもつ．すなわち，$1s$ 状態は 1 個，$2s$ 状態は 2 個，$3s$ 状態は 3 個，$3p$ 状態は 2 個のピークを持つ．大きなピークの位置は n が増加すると外側に移動する．これは

$$P_{n,l}(r) \propto \exp\left(-\frac{2r}{na_0}\right)$$

だからであるが，ボーアの原子模型で，n が大きくなると軌道半径 ($a_n = a_0 n^2$) が大きくなることと対応している．

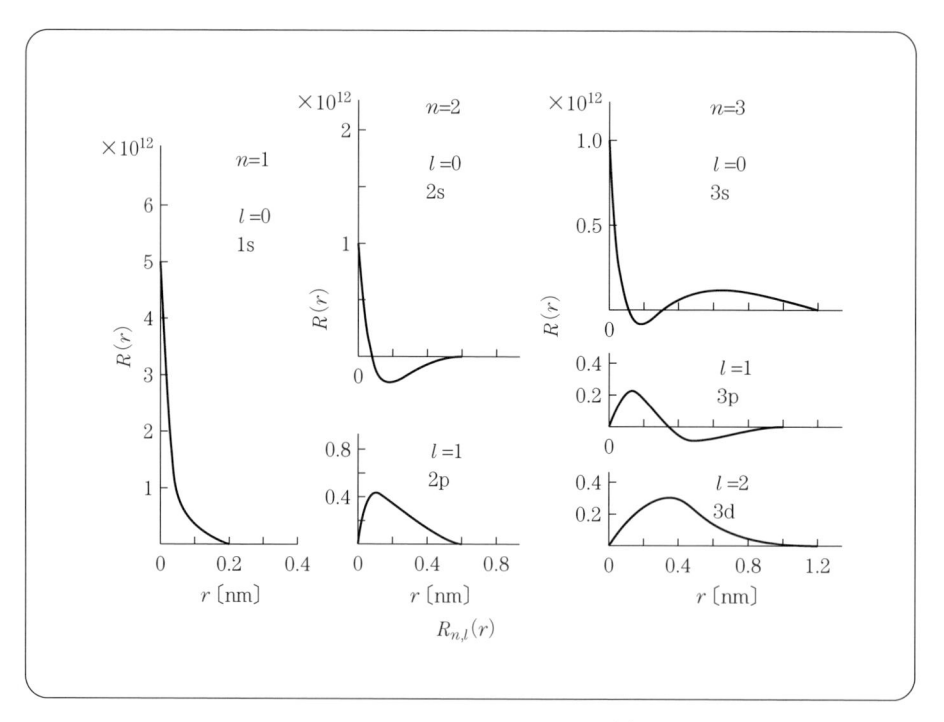

図 6.4 水素原子の動径波動関数 $R_{n,l}(r)$

図 6.5 に，$E_n = V(r)$ となる動径 r_c (問 6.3) を矢印で示した．古典論では，$E < V(r)$ の領域 ($r > r_c$) に電子は入り込めず，$r = r_c$ が運動の折り返し点になるが，$R_{n,l}(r)$ と $P_{n,l}(r)$ は $r > r_c$ の領域でも 0 ではなく，電子が入り込む．これは，井戸型ポテンシャルや

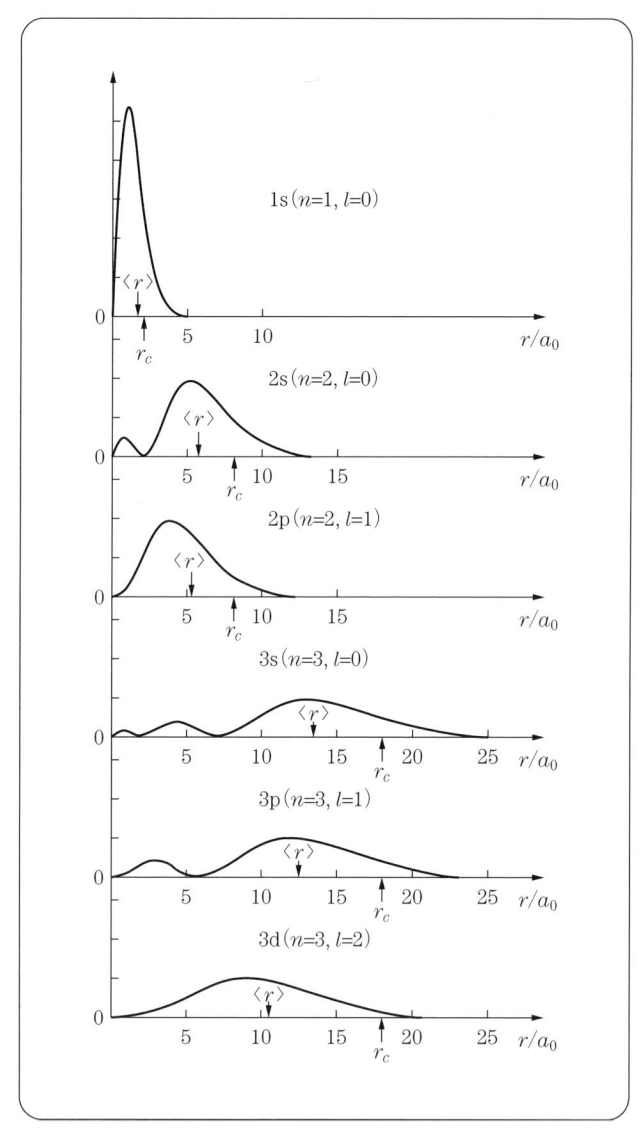

図 6.5 水素原子の電子の動径方向の確率密度 $P_{n,l}(r) = r^2|R_{n,l}(r)|^2$, r_c は古典論的運動の折り返し半径を表す. $\langle r \rangle$ は r の期待値
$$\langle r \rangle = \int_0^\infty r P_{n,l}(r)\, dr \text{ を表す.}$$

ポテンシャル障壁で, $E < V(r)$ の領域に波動関数が減衰波としてしみ出す現象 (図 4.5) と類似している.

6.3 角運動量と空間の量子化

$Y_{l,m_l}(\theta,\phi) = \Theta_{l,m_l}(\theta)\Phi_{m_l}(\phi)$ とおくと，式(6.14)，(6.23 a)から

$$\hat{\boldsymbol{l}}^2 Y_{l,m_l} = l(l+1)\hbar^2 Y_{l,m_l} \qquad (l = 0, 1, 2, \cdots, (n-1)) \tag{6.32}$$

を得るので，$Y_{l,m_l}(\theta,\phi)$ は $\hat{\boldsymbol{l}}^2$ の固有関数であり，固有値は $l(l+1)\hbar^2$ である．また，式(6.20)，(6.8 c)から

$$\hat{l}_z \Phi_{m_l}(\phi) = m_l \hbar \Phi_{m_l}(\phi) \tag{6.33}$$

が成り立つので，$\Phi_{m_l}(\phi)$ は $m_l \hbar$ を固有値とする $\hat{l}_z$ の固有関数である．それゆえ $Y_{l,m_l}(\theta,\phi)$ も $\hat{l}_z$ の固有関数で

$$\hat{l}_z Y_{l,m_l} = m_l \hbar Y_{l,m_l} \qquad (m_l = 0, \pm 1, \pm 2, \cdots, \pm l) \tag{6.34}$$

が成り立つ．$\hat{\boldsymbol{l}}^2$ と $\hat{l}_z$ の共通の固有関数である $Y_{l,m_l}(\theta,\phi)$ は**球関数（球面調和関数）**と呼ばれる．

更に，水素原子の全体の波動関数 $\psi_{n,l,m_l} \propto R_{n,l}(r) Y_{l,m_l}(\theta,\phi)$ も $\hat{\boldsymbol{l}}^2$ と $\hat{l}_z$ に共通する固有関数であり，次式を満たす．

$$\hat{\boldsymbol{l}}^2 \psi_{n,l,m_l} = l(l+1)\hbar^2 \psi_{n,l,m_l} \tag{6.35 a}$$

$$\hat{l}_z \psi_{n,l,m_l} = m_l \hbar \psi_{n,l,m_l} \tag{6.35 b}$$

さて，$\hat{\boldsymbol{l}}^2$，$\hat{l}_x$，$\hat{l}_y$，$\hat{l}_z$ の定義（式(6.8)）から次のような交換関係が成り立つことが導かれる．

$$[\hat{l}_x, \hat{l}_y] = i\hbar \hat{l}_z, \quad [\hat{l}_y, \hat{l}_z] = i\hbar \hat{l}_x, \quad [\hat{l}_z, \hat{l}_x] = i\hbar \hat{l}_y \tag{6.36 a}$$

$$[\hat{\boldsymbol{l}}^2, \hat{l}_x] = [\hat{\boldsymbol{l}}^2, \hat{l}_y] = [\hat{\boldsymbol{l}}^2, \hat{l}_z] = 0 \tag{6.36 b}$$

また，式(6.36)，(6.9)から，水素原子の $\hat{H}$ は $\hat{\boldsymbol{l}}^2$ および $\hat{l}$ と交換可能であること，すなわち

$$[\hat{H}, \hat{\boldsymbol{l}}^2] = 0, [\hat{H}, \hat{l}_z] = 0 \tag{6.37}$$

が導かれる．それゆえ，(p.74 の「共通の固有関数に関する定理」から）エネルギーのみならず，$|\vec{l}|^2$ の値および $\vec{l}$ の一つの成分の値が確定している．つまり

> ψ_{n,l,m_l} で表される状態の水素原子では，$|\vec{l}|^2$ の値は $l(l+1)\hbar^2$ に l_z は $m_l \hbar$ に確定している．

6.3 角運動量と空間の量子化

したがって，図 6.6 に示したように，$l \geq 1$ の場合，角運動量ベクトル $\vec{l}$ の絶対値は

$$|\vec{l}| = \sqrt{l(l+1)}\,\hbar \tag{6.38}$$

で与えられ，$\vec{l}$ は z 軸と角度

$$\theta = \cos^{-1}\frac{m_l}{\sqrt{l(l+1)}} \tag{6.39}$$

をなす．

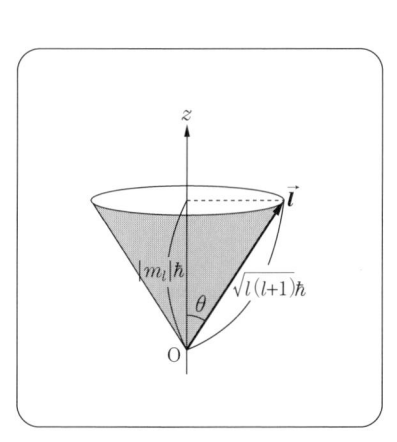

図 6.6 軌道角運動量のベクトル模型 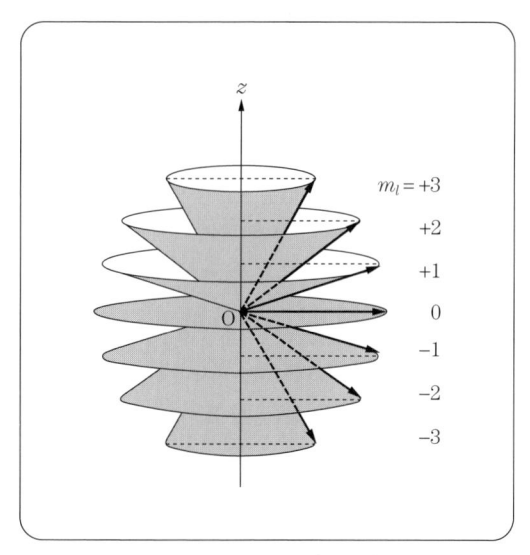　　**図 6.7** 軌道角運動量ベクトル ($l = 3$) の空間的配置

図 6.7 に $l = 3$ (f 状態) における $\vec{l}$ ベクトルの空間的配置を示す．$\vec{l}$ の先端は，z 軸と角度 θ をなし，高さが $|m_l|\hbar$ である円錐の母線上の任意の点に等しい確率で見いだされる．l_z は $m_l = l$ のときに最大値 $l\hbar$ をとる．この値は $|\vec{l}| = \sqrt{l(l+1)}\,\hbar$ より小さいので，$\vec{l}$ ベクトルが z 軸上に見いだされることはない．$l = 0$ の s 状態では，$l_x = l_y = l_z = 0$ であり，電子の軌道運動は角運動量を持たない．

以上のように，波動関数 ψ_{n,l,m_l} によって表される水素原子の電子の角運動量の z 軸成分 l_z が $0, \pm \hbar, \pm 2\hbar, \cdots, \pm l\hbar$ と量子化されている．そこで z 軸を**量子化軸**という．この量子化軸（z 軸）は空間の任意の方向に選ぶことができるので

> どの方向を基準（z 軸）として測っても，角運動量ベクトルは，量子化された飛び飛びの方向しか向くことができない．これを**方向の量子化**（または**空間の量子化**）という．

6.4 電子雲の方向依存性

水素原子の波動関数の方向依存性，つまり角度 θ, ϕ に対する依存性を考えよう．これには，角度依存性をになう球関数 $Y_{l,m_l}(\theta, \phi)$ を取り扱えばよい．式(6.16)に式(6.20), (6.24)を代入して，Y_{l,m_l} の最初のいくつかは次のように与えられる．

s 状態$(l=0)$: $Y_{0,0} \propto 1$ (6.40 a)

p 状態$(l=1)$: $Y_{1,0} \propto \cos\theta$, $Y_{1,\pm 1} \propto \mp \sin\theta \exp(\pm i\phi)$ （複合同順）(6.40 b)

d 状態$(l=2)$: $Y_{2,0} \propto 3\cos^2\theta - 1$, $Y_{2,\pm 1} \propto \mp \sin\theta \cos\theta \exp(\pm i\phi)$

$\qquad\qquad Y_{2,\pm 2} \propto \sin^2\theta \exp(\pm 2i\phi)$ （複合同順）(6.40 c)

s 状態 $(l=0)$ の波動関数 $Y_{0,0} \propto 1$ は球対称で，角度依存性がない．

p 状態 $(l=1)$ の波動関数 $Y_{1,0}$ は実関数であるが，$Y_{1,\pm 1}$ は複素関数である．それらの線形結合を作ることによって

$\varphi_{p_x} \propto Y_{1,1} - Y_{1,-1} \propto \sin\theta \cos\phi \propto x$ (6.41 a)

$\varphi_{p_y} \propto Y_{1,1} + Y_{1,-1} \propto \sin\theta \sin\phi \propto y$ (6.41 b)

$\varphi_{p_z} \propto Y_{1,0} \propto \cos\theta \propto z$ (6.41 c)

のように，実数の波動関数を作ることができる．$\varphi_{p_x}, \varphi_{p_y}, \varphi_{p_z}$ は互いに直交している．

一般に，実数の波動関数 $\varphi(r, \theta, \phi)$ の角度依存性は，アンテナやマイクロホンの指向性と同様に次のように表される．図6.8に示すように，$r=a$（一定）の球面上の点Pと原点Oを結ぶ直線上に $OQ = |\varphi(a, \theta, \phi)|$ であるような点Qをとる．θ と φ を変えたときにQが描く三次元図形で，ϕ の角度依存性を表す．ただし，φ の正負の符号を添える．p 状態$(l=1)$ の $\varphi_{p_x}, \varphi_{p_y}, \varphi_{p_z}$ は，それぞれ x, y, z に比例するので，図6.9，図6.10(b) に示すように，各座標軸で二つの球面を串刺ししたような図形で表される．

s 状態$(l=0)$ の波動関数 $Y_{0,0}$ は，角度依存性がないので原点を中心とする球面で表される（図6.10(a)）．

d 状態$(l=2)$ の波動関数（式(6.40 c)）からは，次のような実数の波動関数が作られる．

$\varphi_{d_{x^2-y^2}} \propto Y_{2,2} + Y_{2,-2} \propto x^2 - y^2$ (6.42 a)

$\varphi_{d_{z^2}} \propto Y_{2,0} \propto 2z^2 - x^2 - y^2$ (6.42 b)

$\varphi_{d_{xy}} \propto Y_{2,2} - Y_{2,-2} \propto xy$ (6.42 c)

6.4 電子雲の方向依存性　**89**

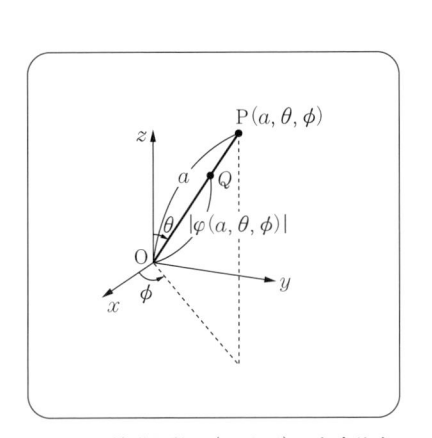

図 6.8　波動関数 $\varphi(r,\theta,\phi)$ の角度依存性の表現方法

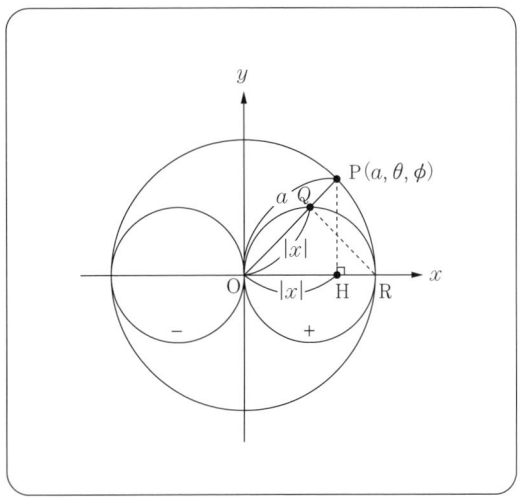

図 6.9　φ_{p_x} の角度依存性が二つの球面で表されることを xy 平面内で示す．

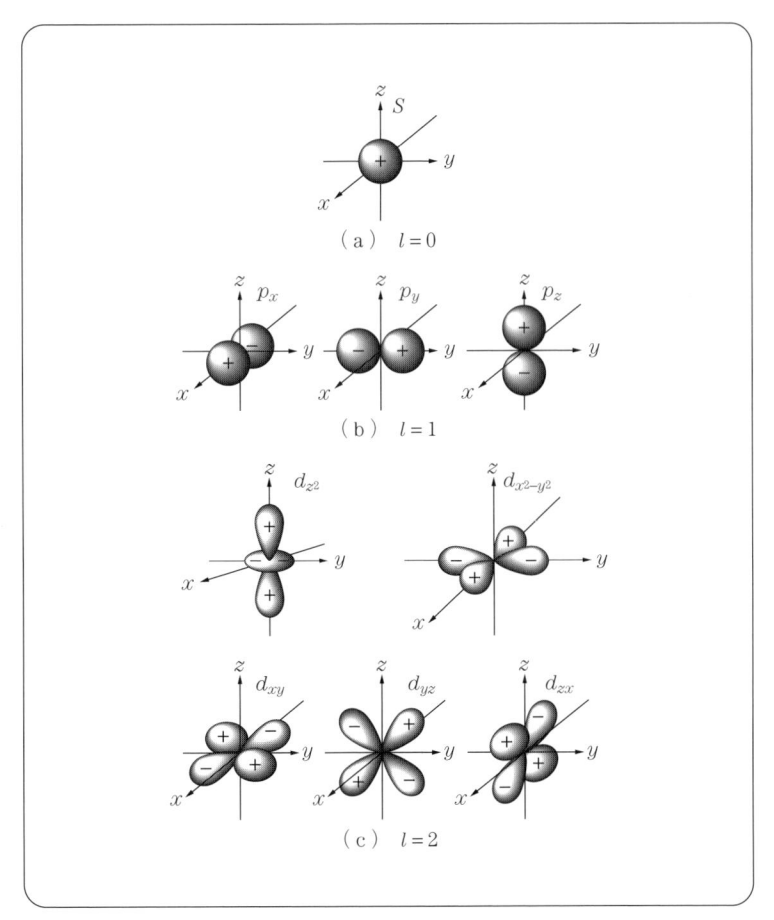

(a) $l=0$

(b) $l=1$

(c) $l=2$

図 6.10　水素原子の s, p, d 電子軌道

$$\varphi_{d_{yz}} \propto Y_{2,1} - Y_{2,-1} \propto yz \tag{6.42 d}$$

$$\varphi_{d_{zx}} \propto Y_{2,1} + Y_{2,-1} \propto zx \tag{6.42 e}$$

これらの角度依存性は，図 6.10（c）のように串刺し型と四つ葉型をしている．このような波動関数の角度依存性を表す図形は，（電子は軌道をもたないが）習慣的に**電子軌道**と呼ばれている．

本章のまとめ

❶ **水素原子の固有状態** 主量子数 $n = 1, 2, 3, \cdots$，方位量子数 $l = 0, 1, 2, \cdots, (n-1)$，磁気量子数 $m_l = 0, \pm 1, \pm 2, \cdots, \pm l$ で定まる．

（1）波動関数： $\psi_{n,l,m_l}(r, \theta, \phi) \propto R_{n,l}(r) \Theta_{l,m_l}(\theta) \exp(im_l \phi) \propto \exp\left(-\frac{r}{na_0}\right)$

（2）エネルギー： $E_n = -\dfrac{e^2}{8\pi\varepsilon_0 a_0 n^2} \propto -\dfrac{1}{n^2}$

❷ **動径方向の確率密度** $P_{n,l}(r) = r^2 |R_{n,l}(r)|^2$ で与えられ，n が大きいほど広がる．

❸ **軌道角運動量** 水素原子の固有状態では，$|\vec{l}|^2$ の値は $l(l+1)\hbar^2$ に l_z は $m_l \hbar$ に確定している．

❹ **方向の量子化** どの方向を基準（z 軸）として測っても，$\vec{l}$ ベクトルは

$$\theta = \cos^{-1}\left(\frac{m_l}{\sqrt{l(l+1)}}\right)$$

で与えられる量子化された方向しか向くことができない．

❺ **電子雲の方向依存性** s 状態 $(l=0)$ は角度依存性がない（球型）が，p 状態 $(l=1)$ は串刺し型，d 状態 $(l=2)$ は串刺し型と四つ葉（図 6.10(c)）の依存性を持つ．

●理解度の確認●

問 6.1 水素原子の $2p$ 状態の時間を含む波動関数を求めよ．

問 6.2 水素原子の（1）$1s$ 状態および（2）$2p$ 状態で，動径方向の確率密度 $P(r)$ がピークをなす動径 $r_{\max}$ を求めよ．

問 6.3 水素原子の電子について，古典論的運動の折返し点 r_c を求めよ．

問 6.4 図 6.7 で，$m_l = 2$ の状態における（1）$\vec{l}$ ベクトルの絶対値，（2）$\vec{l}$ ベクトルが z 軸となす角度，（3）$l_x^2 + l_y^2$ の期待値を求めよ．

問 6.5 φ_{p_x} の角度依存性が，原点を通り，直径が x 軸上にある球面で表されることを示せ．

7 スピン角運動量と電子配置

　本章では，電子が，軌道運動に伴う軌道角運動量のみならず，古典論の自転に対比させられるスピン角運動量を持つこと，および角運動量に伴う磁気モーメントについて学ぶ．

　また，原子の電子状態が，エネルギー，軌道角運動量，およびスピン角運動量の状態から決まることを定式化したパウリの原理とフントの規則についても学び，元素の電子配置にふれる．

7.1 軌道磁気モーメント

古典論（電磁気学）では，荷電粒子が回転すれば，電流が流れるので磁気モーメントを生じる．ボーアの水素原子模型を考え，電子（電荷 $-e$，質量 m）が半径 r の円周を速度 v で回転している場合を考える（図 7.1）．

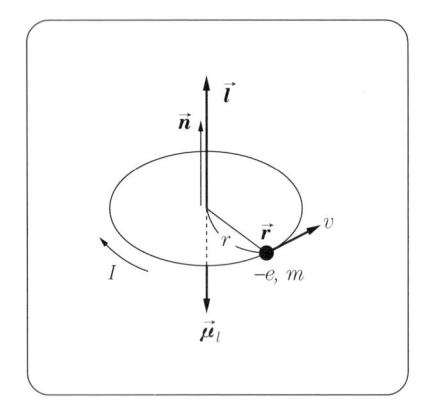

図 7.1 電子の回転運動に伴う角運動量 $\vec{l}$ および磁気モーメント $\vec{\mu}_l$

電子は毎秒 $v/2\pi r$ 回まわるので，円軌道にそって電流

$$I = -\frac{ev}{2\pi r} \tag{7.1}$$

が流れる．この円電流は，大きさが $I \times \pi r^2$ の磁気モーメント・ベクトル $\vec{\mu}$ と等価であるから，円周を含む面の法線ベクトル $\vec{n}(|\vec{n}|=1)$ を用いて，$\vec{\mu}$ は

$$\vec{\mu} = I\pi r^2 \vec{n} \tag{7.2}$$

と表される†．式(7.1)を式(7.2)に代入して

$$\vec{\mu} = -\frac{e}{2}rv\vec{n} = -\frac{e}{2m}rp\vec{n} \tag{7.3}$$

を得る．ここで，運動量 $p=mv$ を導入した．電子の位置ベクトルを $\vec{r}$ とすると，$rp = |\vec{r} \times \vec{p}|$ であり，また $\vec{r} \times \vec{p}\,(= \vec{l}$：角運動量ベクトル) は $\vec{n}$ と平行であるから，式(7.3)は

---

† ここでは量子力学の教科書でよく用いられる EB 対応単位系に従った．EH 対応系（国際単位系または SI 単位系）では，式(7.2), (7.4)の右辺に真空の誘電率 μ_0 を掛け，また式(7.9)で B を H で置き換える．EB 対応単位系では磁気と電気が非対称になる（$B = \mu_0 H + \mu_0 M \Leftrightarrow D = \varepsilon_0 H + P$）欠点がある（EH 対応単位系では $B = \mu_0 H + M \Leftrightarrow D = \varepsilon_0 H + P$）が，実在が確認されていない磁気単極子に立脚していない点で理論的に優れている．

7.1 軌道磁気モーメント

$$\vec{\mu} = -\frac{e}{2m}|\vec{r}\times\vec{p}|\vec{n} = -\frac{e}{2m}\vec{r}\times\vec{p} = -\frac{e}{2m}\vec{l} \tag{7.4}$$

となる．式(7.4)は，円運動に限らず，一般の運動にあてはまる．

式(7.4)で，$\vec{p} \to -i\hbar\nabla$，$\vec{l} \to \vec{r}\times(-i\hbar\nabla)$ と置き換えることによって，量子力学で用いられる軌道磁気モーメント演算子

$$\hat{\vec{\mu}}_l = -\frac{e}{2m}\hat{\vec{r}}\times(-i\hbar\nabla) = -\frac{e}{2m}\hat{\vec{l}} \tag{7.5}$$

が得られる．添え字 l は次節で学ぶスピン磁気モーメントと明確に区別するためにつけた．

$\vec{l}$ の大きさは，$\hbar$ を単位として計られるので，式(7.5)から，電子の軌道角運動量を

$$\hat{\vec{\mu}}_l = -\mu_B\frac{\hat{\vec{l}}}{\hbar} \tag{7.6}$$

$$\mu_B = \frac{e\hbar}{2m} \tag{7.7}$$

と表す．μ_B を**ボーア磁子**（Bohr magneton）と呼ぶ．

ここで，電子の波動関数が，6.3節で学んだように $\hat{l}^2$ と $\hat{l}_z$ の共通の固有関数である球関数 $Y_{l,m_l}(\theta,\phi)$ によって表される状態を考えよう．式(7.6)から電子の軌道磁気モーメント $\vec{\mu}_l$ は $\vec{l}$ と反平行だから，$\vec{\mu}_l$ の先端は，$\vec{l}$ とは反対方向の円錐の母線上に見いだされる（図7.2）．

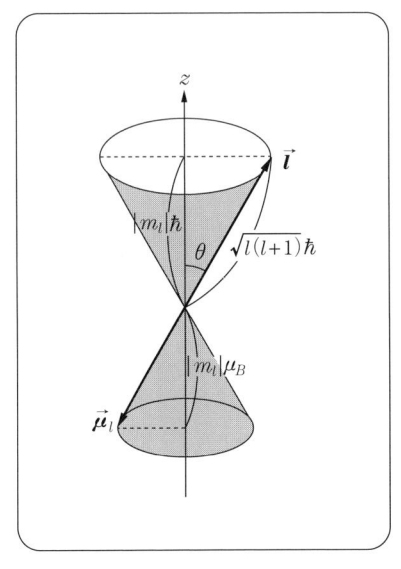

図7.2 円錐の母線上に見いだされる軌道角運動量ベクトル $\vec{l}$ およびその磁気モーメント $\vec{\mu}_l$

式(7.6)と式(6.34)から，Y_{l,m_l} は，$\hat{\vec{\mu}}_l$ の z 方向成分 $\hat{\mu}_{lz}$ の固有関数でもあり，$\vec{\mu}_l$ の z 方向成分 μ_{lz} は

94   7. スピン角運動量と電子配置

$$\mu_{l z}=-\mu_B \frac{l_z}{\hbar}=-m_l \mu_B \quad (m_l=0, \pm 1, \pm 2, \cdots, \pm l) \tag{7.8}$$

に確定している．しかし，x, y 成分 μ_{lx}, μ_{ly} は（$\hat{l}_x, \hat{l}_y$ が $\hat{l}_z$ と非可換だから）確定しない．このように，m_l は磁気モーメントの成分を決めているので**磁気量子数**と呼ばれる．

7.2 スピン磁気モーメント

式(7.8)から，空間の任意の方向を基準として，$\vec{\mu}_l$ は飛び飛びの方向しか向けない．つまり，電子の磁気モーメントにも**方向の量子化**（p.87）が起こる．方向の量子化は，シュテルン（Stern）と ゲルラッハ（Gerlach）によって最初に観測され（1922年），それをきっかけとして電子のスピンが発見された．

図7.3に彼らの実験装置を示す．系全体は真空に保たれている．炉で熱せられ蒸発した銀の粒子がスリットを通って細いビームとなり，x 方向に進み，電磁石の磁極の間を通過してガラス板に達する．磁極が特殊な形をしているので，z 方向に強い磁界勾配 $\partial B/\partial z$ が生じている．このため，銀粒子の磁気モーメント $\vec{\mu}$ は z 方向に働く力を受け，進行方向が曲げ

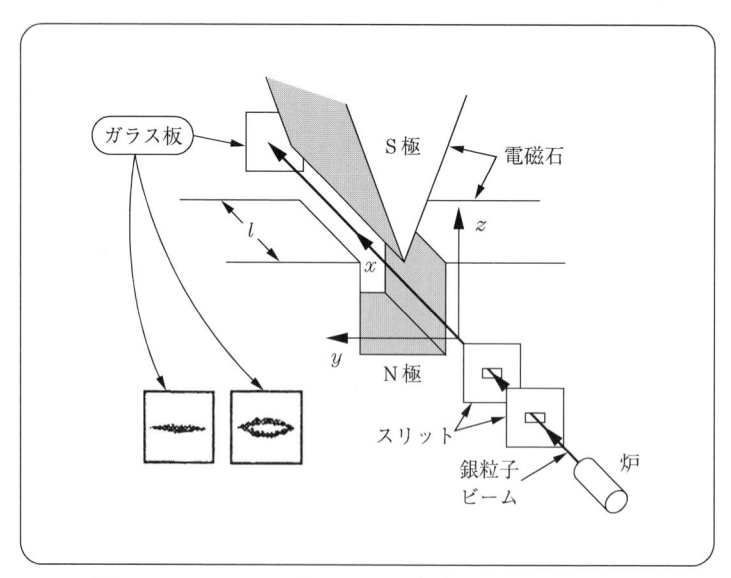

図7.3 シュテルン・ゲルラッハの実験．ガラス板上に得られた銀粒子の像（彼らは lips と呼んだ）は，磁界をかけないときは一つであるが，磁界によって二つに分離した（中央部で分離が大きいのは，$\partial B/\partial z$ が $y=0$ で大きいためである）．

られる．電子に働く力は $\vec{\mu}$ の z 方向成分を用いて

$$F_z = \mu_z \frac{\partial B}{\partial z} \tag{7.9}$$

と表される．$\vec{\mu}$ が電子の軌道磁気モーメントによるのであれば，μ_z は式(7.8)で与えられるので

$$F_z = -m_l \mu_B \frac{\partial B}{\partial z} \tag{7.10}$$

となる．m_l は $2l+1$ 個の値をとるので，ガラス板上の像も $2l+1$ 個，つまり奇数個に分かれるはずである．しかし，実際には，図の左下に示したように，二つに分離した像が得られた．

この謎は，ウーレンベック（Uhlenbeck）と ゴードシュミット（Goudsmit）が，アルカリ土類金属の光スペクトル線の性質（例えば Na の D 線が二重線であること）などを説明するために，電子スピンを導入したことによって解決された（1925年）．

彼らは，電子が自転（スピン）運動に対応する角運動量を持つと提案しこれを**スピン**と呼んだ．スピン角運動量ベクトルを $\vec{s}$ で表すと，任意に選んだ z 方向の成分 s_z は

$$s_z = \frac{\hbar}{2}, \; -\frac{\hbar}{2} \tag{7.11}$$

で与えられ，また，$\vec{s}$ に伴う磁気モーメント $\vec{\mu}_s$ は

$$\vec{\mu}_s = -\frac{2\mu_B \vec{s}}{\hbar} \tag{7.12}$$

で与えられると仮定して，アルカリ土類金属の光スペクトルを説明した．この仮定に立てば，銀原子の磁気モーメントの磁界方向（z 軸）成分は，式(7.11), (7.12)から

$$\mu_{sz} = -\frac{2\mu_B s_z}{\hbar} = -\mu_B \quad \text{および} \quad +\mu_B \tag{7.13}$$

という二つの値をとるのでシュテルン・ゲルラッハの実験結果をも説明できる．

軌道角運動量演算子 $\hat{l}$ は，古典的な力学量 $\vec{l} = \vec{r} \times \vec{p}$ で，$\vec{p} \to -i\hbar\nabla$ と置き換えることによって得たが，スピンを古典力学の自転に対応させてこのような置き換えを行うことはできない．なぜなら，電子などの量子的粒子は粒子・波動の二重性を示し，軌道を持たないからである．つまり，量子的粒子の位置は確定せず測定によって定まり，不確定性原理に従うので，確定した一点の周りに自転する剛体というモデルは量子的粒子に当てはまらないのである．**図 7.4**のように，原子を太陽系になぞらえ，電子を自転しつつ太陽（原子核）の周りを公転している地球に対応させることは，直感的理解を助けるが，微視的世界の真相を伝えていない．

スピンは，質量や電荷と同様に，電子が本来的に持っている物理量である．スピンが存在する根拠は，ディラック（Dirac）の電子論として知られる相対論的量子力学によって示された．

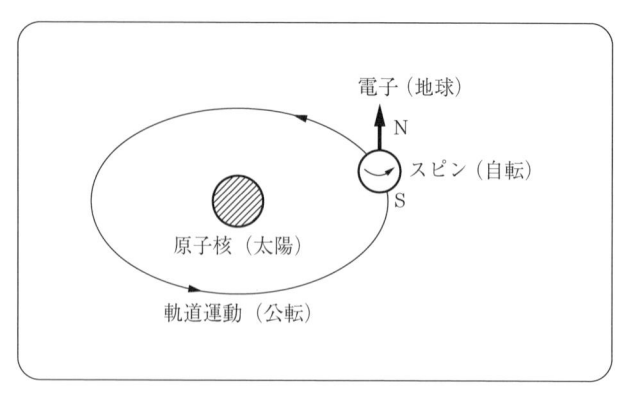

図 7.4 原子を太陽系になぞらえて
電子スピンを直観的に理解する

とはいえ，スピン $\vec{s}$ は角運動量であるから，軌道角運動量 $\vec{l}$ と同じように扱える．すなわち，$\vec{s}^2$ と s_z に対応するスピン演算子 $\hat{\vec{s}}^2$ と $\hat{s}_z$ は，式(6.36)と同様の交換関係

$$[\hat{s}_x, \hat{s}_y] = i\hbar \hat{s}_z, \quad [\hat{s}_y, \hat{s}_z] = i\hbar \hat{s}_x, \quad [\hat{s}_z, \hat{s}_x] = i\hbar \hat{s}_y \tag{7.14 a}$$

$$[\hat{\vec{s}}^2, \hat{s}_x] = [\hat{\vec{s}}^2, \hat{s}_y] = [\hat{\vec{s}}^2, \hat{s}_z] = 0 \tag{7.14 b}$$

を満たす．したがって，$\hat{l}$ の場合と同じく，$\hat{\vec{s}}^2$ と $\hat{s}_z$ に共通の固有関数が存在する．異なる点は，$\hat{s}_z$ の固有値を $m_s\hbar$ で表すと，磁気量子数 m_l に相当するスピン磁気量子数 m_s が，式(7.11)から

$$m_s = \frac{1}{2} \quad \text{および} \quad -\frac{1}{2} \quad \text{(スピン磁気量子数)} \tag{7.15}$$

という二つの値，しかも半整数しかとり得ないことである．また，方位量子数 l に相当するスピン量子数を s とすると，$m_s = -s, -s+1, \cdots, s$ であるから（式(6.29 e)参照），s は

$$s = \frac{1}{2} \quad \text{(スピン量子数)} \tag{7.16}$$

というただ一つの値しかとり得ない．$m_s = 1/2, -1/2$ に対応する固有関数を，それぞれ $\Sigma_{1/2}(\sigma), \Sigma_{-1/2}(\sigma)$ で表すと次式が成り立つ（σ はスピン座標である．これに相当する古典的な変数は存在しない）．

$$\hat{\vec{s}}^2 \Sigma_{\pm 1/2} = s(s+1)\hbar^2 \Sigma_{\pm 1/2} = \frac{3}{4}\hbar^2 \Sigma_{\pm 1/2} \tag{7.17 a}$$

$$\hat{s}_z \Sigma_{\pm 1/2} = m_s \hbar \Sigma_{\pm 1/2} = \pm \frac{1}{2}\hbar \Sigma_{\pm 1/2} \quad \text{(複合同順)} \tag{7.17 b}$$

式(7.17)から

$$|\vec{s}| = \frac{\sqrt{3}}{2}\hbar \tag{7.18a}$$

$$s_z = \frac{\hbar}{2},\ -\frac{\hbar}{2} \tag{7.18b}$$

である．式(7.18b)は，スピンによる方向の量子化を表している．

$\Sigma_{1/2}(\sigma)$ と $\Sigma_{-1/2}(\sigma)$ で表されるスピンを，それぞれ上向きスピン（**アップスピン**），および下向きスピン（**ダウンスピン**）と呼ぶ．それらのベクトル模型を図7.5に示す．磁気モーメント $\vec{\mu}_s$ はこれらと反対方向を向いている（これは，$\vec{\mu}_l$ と同じく $\vec{\mu}_s$ も電子の負電荷の回転から生じているためである）．

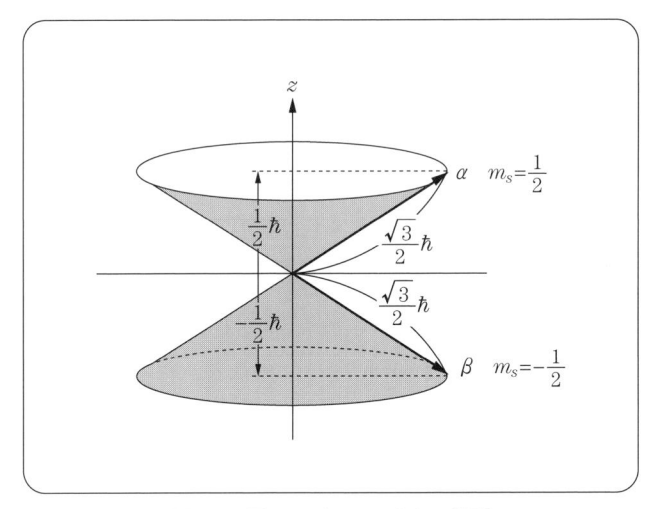

図7.5　電子スピンのベクトル模型

式(7.13)から，スピンの量子数 $(s=1/2)$ は半整数でも，磁気モーメントは，一人前に $\hbar$ を単位として測られることが分かる．

7.3　パウリの原理と電子配置

スピン座標 σ に対応する古典的な変数は存在しないから，$\hat{s}^2$ と $\hat{s}_z$ は，水素原子のハミルトニアン $\hat{H}$ と交換可能である．それゆえ，水素原子の電子状態は，n, l, m_l に m_s を加えた計4個の量子数で指定される．スピンをも取り入れた水素原子の波動関数は

$$\psi_{n,l,m_l,m_s}(r,\theta,\phi,\sigma) \propto R_{n,l}(r)\,\Theta_{l,m_l}(\theta)\exp(im_l\phi)\,\Sigma_{m_s}(\sigma) \tag{7.19}$$

と表される．スピンをも考慮すると，一つの主量子数 n に対して

$$2\sum_{l=0}^{n-1}(2l+1) = 2n^2$$

の状態が存在する．これらの $2n^2$ 個の状態は，すべてエネルギーが縮退している．

次に，He をはじめとする，電子を 2 個以上持つ原子（多電子原子）を考え，そのうちの 1 個の電子に注目しよう．この電子の状態は，水素原子と同様に，n, l, m_l, m_s という 4 個の量子数で指定される．ここで，電子が占めることができる量子状態について，パウリの原理と呼ばれる，次のような基本法則が成立している．

パウリの原理

四つの量子数 n, l, m_l, m_s で指定される，スピンをも含めた一つの量子状態を 2 個以上の電子が占めることはできない．

つまり，n, l, m_l で定められる一つの状態（すなわち軌道）は，上向き（$m_s = +1/2$）と下向き（$m_s = -1/2$）スピンを持つ電子が占めれば満席になり，それ以上の電子が占有することはできない．それゆえ，s 軌道（$l=0$）には $2 \times 1 = 2$ 個，p 軌道（$l=1$）には $2 \times 3 = 6$ 個，d（$l=2$）軌道には $2 \times 5 = 10$ 個，…の電子が入り得る．

実際の多電子原子では，個々の電子が

① エネルギーの低い軌道から順に

② パウリの原理に従い，n, l, m_l, m_s で定まる一つの軌道を一個ずつ電子が占めていくが，更に

③ 一つの量子数 l を持ち，異なる磁気量子数 m_l を持つ軌道（それらのエネルギーは等しい，すなわち縮退している）に複数の電子が入る場合には，次のフントの規則に従って順に軌道を占めていく．

フントの規則

まず，すべての電子のスピン角運動量 $\boldsymbol{s}$ の総和（合成スピン）が最大になるように軌道を占める．ただし，最大の合成スピンを持つ配置のなかでも，更に全電子の軌道角運動量 $\boldsymbol{l}$ の総和が最大になるように，m_l の大きい軌道から順に占める．

フントの規則の前半が成り立つ理由は，次のように考えられている．二つの電子が平行なスピンを持つと，パウリの原理により，同じ軌道に入らないので，互いに遠ざかる．すると，反平行なスピンを持って同じ軌道に入ったときよりも負電荷どうしのクーロン反発力が低下するのでエネルギーが低くなる．後半に対して満足な説明を与えることは難しい．

表7.1にHからNeまでの電子配置とスピン状態を示す．一番エネルギーの低い軌道$1s$には，上向き（↑）および下向き（↓）のスピンを持つ電子が占めて満席となる．これがHe($Z=2$)原子である．

表7.1 HからNeまでの電子配置とスピン状態

原子番号 Z	原子	電子配置	占有軌道とスピン状態				
			$1s$軌道 $m_l=0$	$2s$軌道 0	$2p$軌道 $+1$	0	-1
1	H	$1s^1$	↑				
2	He	$1s^2$	↑↓				
3	Li	$1s^2 2s^1$	↑↓	↑			
4	Be	$1s^2 2s^2$	↑↓	↑↓			
5	B	$1s^2 2s^2 2p^1$	↑↓	↑↓	↑		
6	C	$1s^2 2s^2 2p^2$	↑↓	↑↓	↑	↑	
7	N	$1s^2 2s^2 2p^3$	↑↓	↑↓	↑	↑	↑
8	O	$1s^2 2s^2 2p^4$	↑↓	↑↓	↑↓	↑	↑
9	F	$1s^2 2s^2 2p^5$	↑↓	↑↓	↑↓	↑↓	↑
10	Ne	$1s^2 2s^1 2p^6$	↑↓	↑↓	↑↓	↑↓	↑↓

次のLi($Z=3$)原子では，3番目の電子が軌道$2s$を占め，その次のBe($Z=4$)原子で，軌道$1s$，$2s$とも満席になる．その後のBからNeまでの原子では，エネルギーの縮退した軌道$2p$($m_l=1,0,-1$)を，フントの規則に従って，可能な限りスピンを平行にそろえ，かつm_lの和が最大になるように電子が軌道を占めていく．

各原子の合成された軌道角運動量の

z成分　　$M_l\hbar = \hbar\sum m_l$

合成されたスピンのz成分　　$M_s\hbar = \hbar\sum m_s$

を求めてみよう．例えば，N原子では，$1s$軌道は満席であるから

$$M_l = 0+0 = 0, \qquad M_s = \frac{1}{2} - \frac{1}{2} = 0$$

となる．つまり，上および下向きスピンが打ち消すので合成角運動量に寄与しない．$2s$軌道も同様に満席だから，合成角運動量を持たない．$2p$軌道は空席があるので，N原子の合成された角運動量成分は

$$M_l = +1+0-1 = 0, \qquad M_s = \frac{1}{2}+\frac{1}{2}+\frac{1}{2} = \frac{3}{2}$$

となる．O原子では，同様に

$$M_l = +1+0-1+1 = 1, \qquad M_s = \frac{1}{2}+\frac{1}{2}+\frac{1}{2}-\frac{1}{2} = 1$$

となる．

He，Li，B などの電子配置は，それぞれ，$1s^2$，$1s^2 2s^1$，$1s^2 2s^2 2p^1$ などのように，各軌道を占める電子の数をべき乗で示す．

本章のまとめ

❶ **電子のスピン角運動量**　自転のイメージで理解されるが，古典論での対応物は存在しない．スピン量子数は $s = 1/2$ のみであって
$$|\vec{s}| = \sqrt{s(s+1)} = \frac{\sqrt{3}}{2}\hbar, \qquad s_z = \pm s\hbar = \pm\frac{1}{2}\hbar$$

❷ **磁気モーメント**　軌道には，$\vec{\mu}_l = -\mu_B \vec{l}/\hbar$，スピンには $\vec{\mu}_s = -2\mu_B \vec{s}/\hbar$ なる磁気モーメントが付随する．それらの z 成分は
$$\mu_{l_z} = -m_l \mu_B \quad (m_l = 0, \pm 1, \cdots, \pm l), \qquad \mu_{s_z} = \pm \mu_B$$

❸ **パウリの原理**　スピンをも含めた一つの量子状態を2個以上の電子が占めることはできない．

❹ **フントの規則**　パウリの原理とあわせて，多電子原子における電子の占有順番を決めている．

●理解度の確認●

問 7.1　$m_l = 2$ をもつ d 電子について，（1）$|\vec{l}|$，l_z，および（2）$|\vec{\mu}_l|$，μ_{l_z} を求めよ．

問 7.2　スピン角運動量ベクトルが z 軸となす角度はいくらか．

問 7.3　F 原子の M_l と M_s とを求めよ．

8 観測問題と量子情報工学

　本章では，量子力学の原理のなかでも，観測によって起きる「波束の収縮」が人々の常識や哲学的な信念とさからうので，反対され論争が続けられてきたこと——量子力学の観測問題——を説明する．そして，この論争によってむしろ量子力学が進歩し，今や，量子情報工学と呼ばれる新たな学問分野が生み出されたことを学ぶ．量子情報工学の分野では，スーパーコンピュータをはるかにしのぐ高性能な「量子コンピュータ」および究極のセキュリティを確保できる「量子暗号通信」が生み出されようとしている．また量子情報工学の発展によって，量子的粒子のさらに不思議な性質が明らかにされ，我々がいかなる"情報"を持ち得るかが量子的粒子の振舞いを決めていると考えられるようになった．

8.1 「量子力学の観測問題」今昔

量子力学では，系の物理量を観測すると，波動関数が，多くの固有状態を重ね合わせた状態から，ただ一つの固有状態に収縮する．これが**波束の収縮**（p.73）である．ところが波束が収縮するメカニズムは一切説明されていない．そこで，さまざまな説が提案され，論争が行われてきた．なかでも有名なのが「シュレーディンガーの猫」で知られる問題提起であり，いまだに決着がついていない．また，多世界解釈という特異な解釈が提案され，その支持者が少なからずいる．ここでは，量子力学の誕生期からこれまでに提案された観測問題に関わる解釈と実験的検証の歴史を概観しよう．

8.1.1 ノイマンの観測理論 ——意識が状態を収縮させる？

観測問題に関する解釈を最初に提示したのは，「量子力学の数学的基礎」という著書で量子力学の建設に貢献したフォン・ノイマン（ノイマン型コンピュータの創始者）である．彼は，観測者の意識が波束を収縮させるという説を唱えた．

シュテルン・ゲルラッハの実験（図7.3）でノイマンの観測[†]理論を説明しよう．図8.1

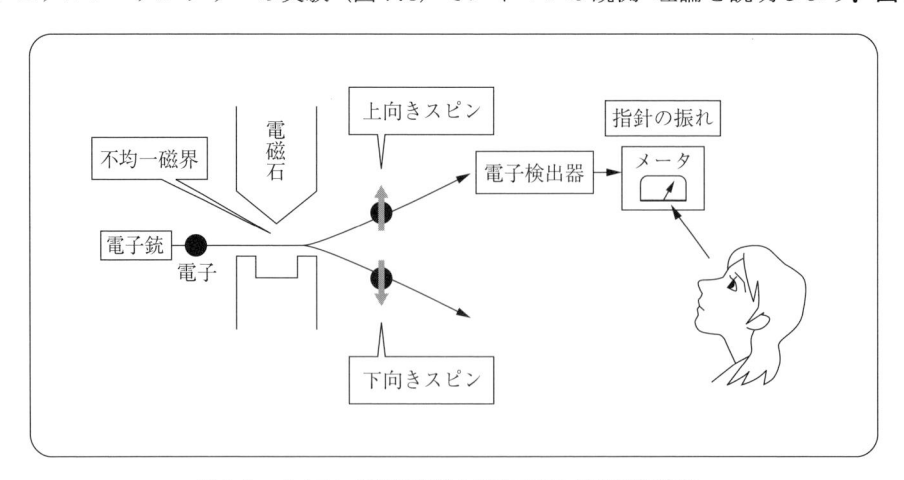

図8.1 ノイマンの観測理論を電子スピンの観測に適用

[†] 人間が結果を認識するまでのプロセスを含めた場合を**観測**と呼び，人間の認識を含めない場合を**測定**と呼ぶことにする．図8.1で，不均一磁界（電磁石）と電子検出器で測定が行われている．

に示すように，電子銃から出た1個の電子が持つスピンの方向の z 成分を観測するために，z 方向の不均一磁界中を通過させる．磁界によって z 方向に方向の量子化（p.94）が起こり，電子は，$+z$ または $-z$ 方向の磁気モーメントを持った状態のいずれかに 1:1 の確率で収縮する．$\partial B/\partial z < 0$ であるとして，もし磁界中を通過した電子が上向きに曲げられて，その先に置かれた電子検出器で検出されれば，式(7.9)からスピンの磁気モーメントは下向き（$\mu_{lx} = -\mu_B s_z < 0$），つまり，電子は z 方向の上向きスピン（$s_z = +\hbar/2$）を持つと判定される．もし検出されなければ，下向きスピンスピン（$s_z = -\hbar/2$）を持つと判定される．したがって，電子検出器につながれた指針の振れから電子スピンの方向を観測することができる．（磁界を通過して方向が定められたスピンの向きを再び測定すると何が起こるかは，"付録5．スピン成分の測定と不確定性原理"を参照されたい）．

このように，一般に，量子的粒子の物理量の測定では，その物理量がもたらす粒子の運動の変化を粒子の位置を通じて検出するので，量子力学の観測問題では，粒子の位置の観測だけを考えればよい．

図8.1の観測のプロセスを電子→不均一磁界→電子検出器→指針の振れ→網膜→視神経→大脳とたどると，これらはすべて，量子力学（シュレーディンガー方程式）に従う現象であるから，その連鎖を断ち切ることはできない．それゆえ観測の全プロセスが一つの波動関数で表され，したがって，観測の最終段階である観測者の大脳内の意識が，観測系全体の波動関数を収縮させるとノイマンは考えた．つまり，意識は自然現象を超越しており，その働きが波束を収縮させると主張したのである．

しかし，意識に神秘的な作用を期待したノイマンの観測理論は誤りとして退けられている．決定的な反証は，いわゆる「否定的実験結果」，すなわち，観測操作が結果に何も影響を与えない場合でも波束の収縮が起こることである．図8.1の実験で，電子検出器が反応しなかったとき，電子スピンは下向きであったと判断される．この場合，電子検出器および観測者の意識は，電子と何も相互作用をしていない．それにもかかわらず電子波は下向きスピン状態に収縮している．したがって，意識は波束の収縮にまったく寄与していないことになる．

8.1.2　シュレーディンガーの猫
―― 観測が猫の生死を決定する？

ノイマンの観測理論に対して，シュレーディンガーは，有名な「シュレーディンガーの猫」のパラドックスで痛烈に批判するとともに，量子力学そのものに疑問を投げかけた．

図8.2のように，箱の中に放射性物質と，放射線を検出して毒ガス入りビンを壊す装置を猫と一緒に入れておく．量子力学のトンネル効果によって，放射線の量子的粒子が原子核から一定の確率で放出されるので（図4.14），一定時間後には，ある値の確率で装置が作動し

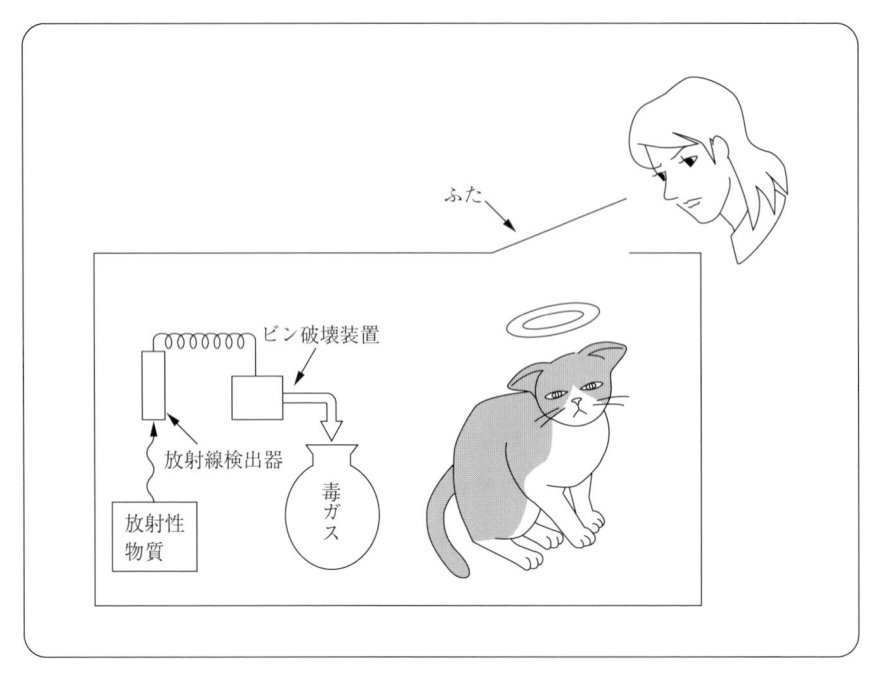

図8.2 シュレーディンガーの猫

て毒ガスが流れ，猫が死ぬ運命にある．この間のすべてのプロセスは量子力学に従うので，猫も，生きている状態と死んだ状態が重ね合わされた状態の波動関数で表されるとシュレーディンガーは考えた．そうすると，観測を行った瞬間，すなわち観測者がふたを開けた瞬間に，波動関数がこの状態から，生死いずれかの状態に収縮する．つまり，ふたを開けて猫を観測した瞬間に猫の生死が決定されることになる．このようなことは，我々の経験に反し，全く馬鹿げている．こうした馬鹿げた結論に導くので量子力学は不完全な理論だ，とシュレーディンガーは主張したのである．

シュレーディンガーは波動方程式を発見したが，波動関数の確率的解釈を認めず，終生，量子力学に反対した[10]．

「シュレーディンガーの猫」問題はこんにちでも解決されていない．放射線の粒子が，原子核内のポテンシャル障壁をトンネル効果（図4.14）で通過する量子的現象から，猫の生死という古典的現象に移行するプロセスを量子力学で説明できないからである．簡単なモデルを立てて，1個の粒子の量子的な現象からマクロスケールの現象に発展するモデルが提案されている[11]．しかし，このようなモデルでは，数百個もの電子と原子核を含み，古典的粒子として扱えるC_{60}やC_{70}などの分子（図3.8，図4.13）が量子力学的な干渉を示す現象（p.40）を説明できない．

8.1.3 EPRパラドックス ——自然は非局所的か？

「シュレーディンガーの猫」が発表されたのと同じ 1935 年に，アインシュタイン（Einstein）は，ポドロスキー（Podolosky），ローゼン（Rosen）とともに，後に三名の頭文字をとって **EPR パラドックス**と呼ばれている議論をボーアらに投げかけた．

それ以前にアインシュタインは不確定性原理に反対して，不確定性原理を破ると期待される思考実験を次々と提示してボーアに迫った．しかし，アインシュタインの主張はことごとくボーアに論破された[†]．それ以後，アインシュタインは，量子力学の"正しさ"に異論を唱えることはせず，ただ，彼の"素朴実在論"の立場から，量子力学は不完全な理論であると主張した．

実在論とは，事物が，人間の認識とは独立して，人間が認識してもしなくても存在することを認める哲学をさす（その反対が反実在論，または観念論）．アインシュタインは，更に，外界の事物は，われわれが知り，経験しているとおりに存在していると素朴に考える"素朴実在論者"であった．それゆえ，自然の究極的な構成要素であるミクロ粒子も，我々が五感でとらえられるボールのように実在し，人間が観測によって認識してもしなくても決められた物理量を持っている事を自明の理とした．すると，量子力学から奇妙なこと（パラドックス）が起こることになるので量子力学は不完全だ，とアインシュタインは主張したのである．

これを分かりやすく説明しよう．図 8.3 に示すように，最初，遠い距離，例えば地球と月ほど離れた二点の中間で，電子 A と B の相互作用により両者のスピン角運動量ベクトルの和がゼロであったとする．更に，両者が互いに反対方向に飛んで行ったとしよう．地球で A の z 方向のスピンの測定（図 8.1）を行い，上向き（$s_z^A = \hbar/2$）と判定されたとすると，その瞬間に月の電子 B のスピンは $-z$ 方向を向く（$s_z^B = -\hbar/2$）ことになる．なぜなら，どのように遠く離れていようとも，A と B の間に角運動量保存則（両者のスピン角運動量の和 = 0）が成り立つからである．つまり A のスピンの z 成分を測定した瞬間に B のスピンの z 成分の値が定まる．また，A のスピンの x 成分を測定すれば，B の x 成分が定まる．すると，A のスピン成分の測定を z 方向で行ったか，それとも x 方向で行ったかという情報を瞬時に B に伝える相互作用，すなわち"遠隔作用"が働いたことになる．これはパラドックスであるとアインシュタインらは主張した．

もし遠隔作用が存在し，瞬時に（時間ゼロで）相互作用が遠方に伝わるならば，その速度は光速を超えるので，相対性理論によれば因果が逆転し，未来が過去に影響を与えることに

[†] ただし，小澤が明らかにした不確定性原理の修正版（p.44）によれば，アインシュタインの主張は必ずしも論破されていない[8),9)]．

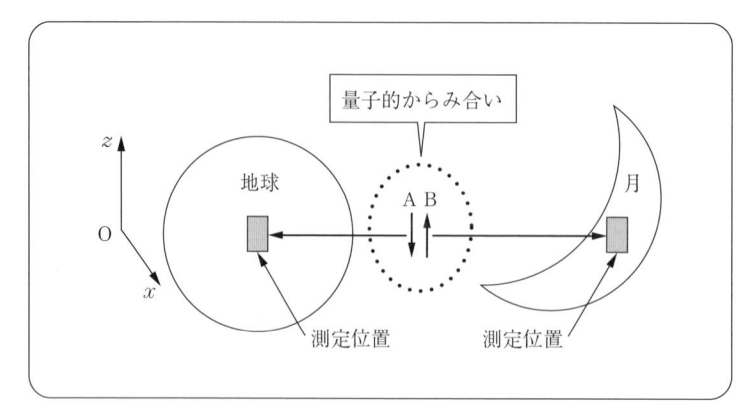

図 8.3 EPR パラドックス：最初，地球と月の中間に相互作用をしている電子 A と B があり，それぞれが反対方向に分かれて進み，測定装置に達したとする．地球で，電子 A のスピンの x（または y）方向の成分を測定した瞬間に電子 B の x（または y）が決定されるので，遠隔作用が働いたことになる．

なる！ それゆえ，物理学では，遠隔作用を否定し，相互作用はすべて局所的である（近接作用によって連続的に伝わる）ことが，神聖犯すべからざる大前提とされていた．アインシュタインは，遠隔作用と，物質の**非局所性**を内包しているから量子力学は不完全であると主張した．つまり，量子力学は物理学の大前提を否定しているので，自然を不完全にしか記述していないと論難したのである．

これに対してボーアは次のように反論した．物理量が観測する前から存在すると考えるから遠隔作用が働くように見えるにすぎない．実際には，観測した瞬間に電子 A と B が互いに相関した物理量を持つのであり，別に A から B に遠隔相互作用が働くわけではない．つまり，ボーアは，離れた二つの電子が，**遠隔相関**した物理量を観測によって持つようになることを認め，自然は非局所的であると主張したのである．

この遠隔相関をアインシュタインは，"幽霊のように気味が悪い相関"（spukhafte Fernwirkungen）とからかって，そのような作用が働かないように理論を作るべきだと反論した．すると，ボーアは，観測とは無関係に物理量が存在していると考える従来の実在論的な哲学では，ミクロ世界の自然現象を説明できない，と反論した．

このような EPR 論争から，ボーアらは，不確定性原理の概念を一歩進めて，「物理量は，観測によって実在のものとなる」という反実在論的な解釈を量子力学に取り入れた．アインシュタインの批判がボーアらの学説を深化させたのである．

☕ 談 話 室 ☕

アインシュタインとボーア：論争と友情　アインシュタインは「神はサイコロを振り給わず」と語ったため、決定論的な立場から確率的解釈に反対したと一般に受け入れられている．しかし彼は、電磁波が、多くの光子の統計的な振舞いを表すことを最初に唱えた (p.34)．また、光子について「ボース・アインシュタイン統計」の研究を行うなど、確率を積極的に用いている．アインシュタインは、とりあえず光子や電子の振舞いを確率で表すのは一向にかまわないが、「確率的な挙動がミクロ粒子の本質である」と考えるボーアらの非決定論的、非実在論的な解釈に反対したのである．

　二人が対立したのは、まったく違った哲学を信奉していたからである．ボーアは、キルケゴールの実存主義哲学（あえて一言でいえば、個人の決断を重視する哲学）に傾倒していた．個人の精神が、次の段階に飛躍を決断する「心の飛躍」は因果的に説明できないとキルケゴールは説いた．これにヒントを得て、ボーアは、原子が一つの定常状態から他の定常状態へ突然飛躍する筋道をたどることはできないと考え、また観測によって瞬時に起こる「波束の収縮」を発想した．一方、アインシュタインは、哲学者スピノザの神――自然界に美と調和を与える――と、その決定論的な世界観――万物を実体の必然的な因果関係で見る――を信奉していた．したがって、飛躍、不連続性、非決定性がミクロ世界の本質であるとみなすボーアの思想に彼は執拗に反対した．

　しかし、ボーアとアインシュタインは互いに尊敬と友情で結ばれていた．アインシュタインはボーアとの論争で、彼が反論を考え出すことを助けた．また、ボーアは、アインシュタイン亡き後も彼に話しかけるようにして考察したという――アインシュタインだったら何と言うだろうか、と．

8.1.4 ベルの定理とアスペの実験 —— 遠隔相関と非局所性を実証！

　EPR パラドックスが提示されてから約 30 年後の 1964 年に、ジョン・ベルは、アインシュタインの主張を証明しようとした．ベルは、量子的粒子は局所的であって、我々にとって未知の"隠れた変数"で表される運動をしており、隠れた変数の平均が量子力学の結果を与えると考えた．隠れた変数の考え方は、統計力学で用いられている．例えば、気体はあまりにも多数の原子を含むので、個々の原子の運動の軌跡（位置変数）はわれわれに隠されているが、統計的平均から気体の振舞いが計算される．

　ベルは、量子的粒子が隠れた"局所的な"変数を持つと仮定して、図 8.3 の EPR パラド

ックスの立役者である遠隔ペアー粒子 A，B の物理量の間の相関を計算した．その結果，ある一つの不等式（**ベルの不等式**と呼ばれる）を満たさなければならないことを導きだした．ところが，量子力学に基づいて計算すると，この不等式からはみ出す場合があることが分かった．したがって，量子力学では，ベルが最初に導入した仮定，「A，B の間の相互作用は局所的である」は正しくなく，相互作用は非局所的であることが背理法で証明された．アインシュタインを擁護しようとしてベルは，それを否定する結論に達したのである．

その後，アラン・アスペの実験などによって，ベルの不等式が破られており，したがって最初に相互作用していた二つの量子的粒子の間に遠隔相関が実際に存在し，量子的粒子は非局所的であることが実証された．そこで，EPR パラドックスは，もはやパラドックス（逆説）ではなく，現象であると認められたのである．このように遠隔相関した量子的粒子は，いまでは「**EPR ペアー**」と呼ばれている．

8.1.5　多世界解釈[†1]

波束の収縮を天下り的に要請している量子力学の解釈に不満な人々は，さまざまな別の解釈を考え出した[†2]．そのなかで，支持者が一番多いのが"**多世界解釈**"である．観測によって，この世界が多くの世界に枝分かれする，という奇想天外な解釈である．

多世界解釈では，重ね合わせ状態にある量子的粒子に対して観測を行うと，**図 8.4** に示すように，それぞれの状態が実現した多くの世界に分かれる．ただし，これらの多世界は観測する前から存在し重ね合わせ状態にあったのが，観測によって重ね合わせが解消されただけである．それゆえ，観測の前（重ね合わせ状態）でも観測後（分岐状態）でも，すべての多世界がそのまま存在している．したがって，多くの状態が消え失せて一つの状態に収縮する

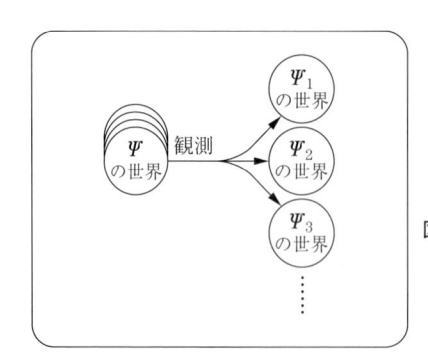

図 8.4　多世界解釈：$\Psi = \Psi_1 + \Psi_2 + \Psi_3 + \cdots$ で表される重ね合わせ状態の世界が，観測によって，$\Psi_1, \Psi_2, \Psi_3,$ のそれぞれで表される世界に分かれる．

[†1] 詳しくは，コロナ社の Web ページ（http://www.coronasha.co.jp）の本書の「書籍詳細」ページを参照．検索語：「量子力学の多世界解釈」

[†2] 「隠れた変数」を用いる理論が，シュレーディンガー[10]と D．ボームによって作られている．しかし，前者では量子的粒子の運動の筋道は確率過程で定まる（つまり予測不可能な）ジグザグな形をしていると要請されている．後者では，量子的粒子の非局所性が取り入れられている．いずれも，日常体験する粒子のイメージからかけ離れており，すっきりしない．

ような飛躍のプロセス（波束の収縮）は存在しない．

さらに，多世界解釈では，それぞれの世界で確定した物理量を持った量子的粒子が実在し，観測の前後で量子的粒子はそれぞれの世界で連続的に振る舞うとされている．

また，「シュレーディンガーの猫」問題はすっきりと説明できる——「猫が生きている世界」と「猫が死んだ世界」の重ね合わせが，観測によって解消されて分岐したのだと．

多世界解釈は，「"無理な仮説"に立脚しないで，量子の世界を首尾一貫して説明できる唯一の理論である」，と信奉者たちは主張している．確かに多世界解釈は首尾一貫している．しかし，多世界が存在することを証明する手段が存在せず，観測によって世界が分かれるメカニズムは一切説明されていないので，"無理な仮説"に立脚しない，といえるであろうか．

☕ 談 話 室 ☕

"オッカムのかみそり"と多世界　多世界論者たちは，観測によって分かれた多くの世界が実在すると考える．ただし，それらの世界の間では何の相互作用も働かず，したがって，我々は，自分が存在している世界以外の"他"世界に働きかけたり，そこを訪問することはできないとされている．（これを無視して多世界を行き来するタイムマシン云々，はSFの格好のテーマとなっている．）

つまり，多世界は，その存在を経験によって確かめることができない．そのようなものを排除することが，中世の哲学者ウィリアム・オッカム以来の西欧哲学の伝統であり，"オッカムのかみそり"として知られている．「必然性なしに存在を増やしてはならない」というオッカムのかみそりは，近代科学の根底にある「経済性の原理」（余分な前提や仮説がより少ない理論こそ真正であるとする）に通じている．多世界論者は，コペンハーゲン解釈の不条理を解決できるのであれば，そのような伝統的な哲学や科学観にそむくことなどは意に介しないのである．

多世界解釈によれば，正統的な量子力学の解釈に比べて，より容易に量子コンピュータの動作原理を考察できるといわれている．多世界解釈論者は，多世界が実在すると信じているので，量子コンピュータが多世界で計算していると考えることによって，効率よく計算のプロセスを考察できるそうである．したがって，量子コンピュータを推進してきた重要人物の多くは多世界論者である．

多世界解釈も，正統的な量子力学の解釈も，シュレーディンガー方程式から現象を全く同じように予測する．したがって，経験（実験や観測）からは，どちらの解釈が正しいかを判定できない．それゆえ，いずれの解釈をとるかは科学ではなく，哲学の問題になる．

"実在論"哲学では，経験で確かめられない事柄についても正しい知識を持つことができ

ると認め，"反実在論"哲学では，経験で確かめられないことは知ることができないといさぎよくあきらめる．さて，「観測を行う前の量子的粒子の状態」は観測（経験）で確かめられない．しかし実在論に立つ多世界解釈では，量子的粒子の状態が観測する前から多世界のおのおので確定していたと考える．反実在論に立つ正統的解釈では，観測する前の量子的粒子については何もいわず，ただ観測によって1箇所に局在した粒子が出現すると考える．

波束の収縮を天下り的に認める量子力学の正統的解釈を**コペンハーゲン解釈**という．ボーアがコペンハーゲン大学を拠点として広めたことにちなんでいる．コペンハーゲン解釈と多世界解釈の奇妙なポイントをマンガ風に図 8.5 で比較した．図（a）のコペンハーゲン解釈では，量子的現象は，しっぽと頭しか見えない**煙の大竜王**（Great Smokey Dragon）に例えられている[12),13)]．例えば図 3.4 の二重スリットの干渉現象の出発点で，光子は光源の一点に確定している（竜のしっぽ）．しかし，このあとは，観測によって受光面の一点でとらえられる（竜の頭）までの間は，確率波として空間を伝搬しており，つかみどころがない（煙）．一方，図（b）の多世界解釈では，観測を行うたびに世界は，重ね合わせられた状態から"多世界"に枝分かれする．

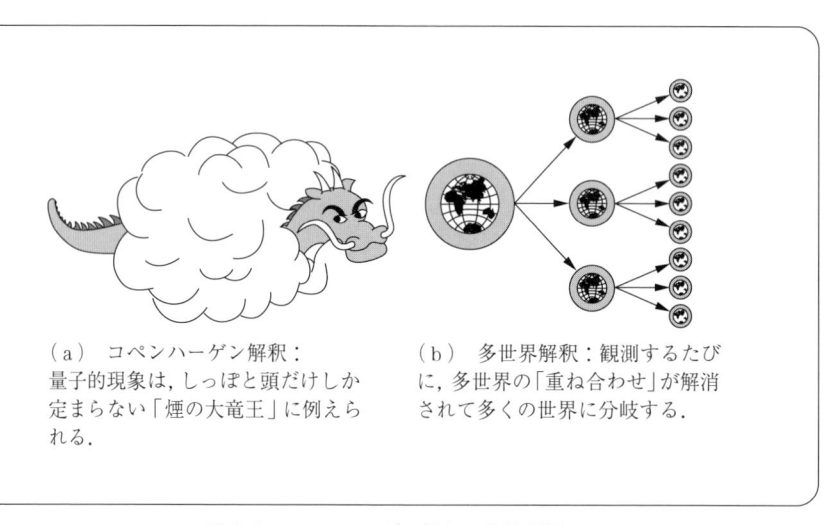

（a）コペンハーゲン解釈：量子的現象は，しっぽと頭だけしか定まらない「煙の大竜王」に例えられる．

（b）多世界解釈：観測するたびに，多世界の「重ね合わせ」が解消されて多くの世界に分岐する．

図 8.5 コペンハーゲン解釈と多世界解釈

8.2 "情報"と量子力学

EPR ペアーの間に存在する遠隔相関は**量子もつれ合い**（quantum entanglement）と呼ば

れている．近年，量子もつれ合いに関する実験から，量子的粒子の振舞いは，人間が行う観測よりむしろ我々が持ちうる情報によって決まると解釈できる不思議な現象がいくつか発見されている．ここではその一例として，**量子消去**(quantum eraser)と呼ばれる現象を紹介するとともに，量子もつれ合い状態にある EPR ペアーを用いて，演算や暗号通信を行う量子情報工学の基本を概説しよう．

8.2.1 量子消去 ——量子情報を消して過去を変える!?

二重スリットによる光の干渉実験（図 3.7）では，どちらのスリットを通過したかを"観測"しようとする操作が光子の挙動を変え，干渉を消すと説明した．量子力学の誕生以来長らくこのように考えられていた．ところが近年，観測操作ではなく，どちらの通路を進んだかに関する"情報"が量子的粒子の状態を変えて，干渉を起こすか否かを決めていることが明らかにされている．これを示す実験の一つが量子消去である．

量子消去はいろいろな系で観測されているが，ここでは，二重スリットによる光の干渉と EPR 現象を結びつけた実験を示そう．詳細は文献[14]および URL[15]にゆずり，要点だけを述べる．

図 8.6 に示すように，鉛直（y 軸）方向を向いた二重スリット S_1，S_2 の前方で，非線形結晶を用いて EPR ペアー光子 A，B を原点 O で発生させる．光子 A は z 軸方向に，光子 B は，水平面内で z 軸と一定の角度をなす z' 軸の方向に進む．量子的もつれ合い状態にある光子 A，B は，互いに直交する直線偏光状態にある．それらの電界ベクトル $\vec{E}_A$，$\vec{E}_B$ は

① $[\vec{E}_A // 水平]$，　$[\vec{E}_B // 鉛直]$

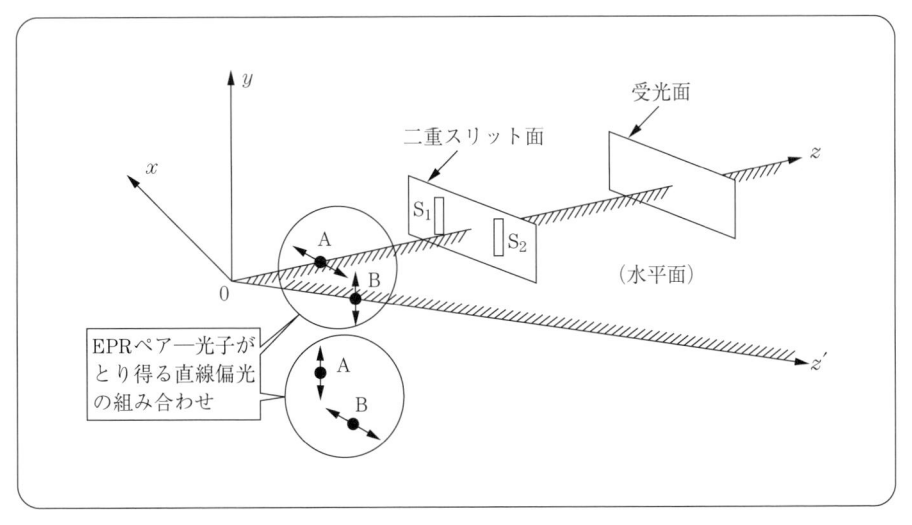

図 8.6 二重スリットによる光の干渉実験に EPR ペアーを用いた"量子消去"実験

112　8. 観測問題と量子情報工学

である場合と

　　② ［$\vec{E}_A$//鉛直］,　　［$\vec{E}_B$//水平］

という場合が 1:1 で重ね合わされた状態にあるので，もし測定を行うと，①と②が確率 1/2 でランダムに実現する．いずれの場合でも，光子 A は二重スリットを通って，その後方の受光面で検出される[†]．すると

（1）図 8.7(a) に示すように，光子 A が，二つのスリット S_1, S_2 による干渉像を作る

(a) 光子 A によって通常の干渉縞が得られた．

(b) 円偏光子 Q_1 と Q_2 を光子 A の光路に置いたら，(A がどちらかのスリットを通過したかを知り得る状態になったために) 干渉縞が消えた．

(c) 直線偏光子 P を光子 B の光路に置いたら，(A がどちらのスリットを通過したかを知り得ない状態になったために) 干渉縞が復活した．

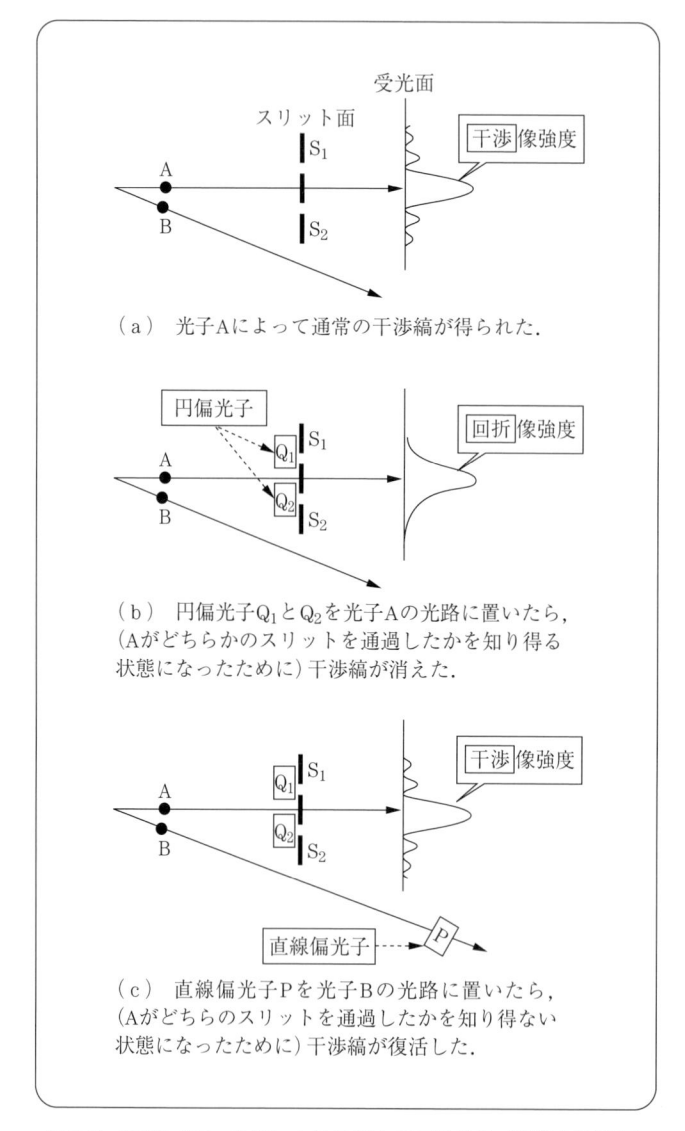

図 8.7　EPR ペアーを用いた量子消去の実験結果 (括弧内は解釈)

[†] 実際には，受光面内で検出器の位置を x 方向に走査（スキャン）して測定する．また，光子 A と B を同時計測（coincidence measurement）して，光子を検出する SN 比を上げている．これらの操作は，光子の量子的振舞いに本質的な影響を与えない．

(前に示した図 3.7(d) と同様).

（2） 次に，図(b)のように，スリット S_1 と S_2 の前にそれぞれ円偏光子（すなわち 1/4 波長板）Q_1 と Q_2 を，それらの主軸を鉛直方向から +45°および −45°傾けて置くと，干渉像が消え，S_1 と S_2 の回折像を重ね合わせた像が得られる（ただし，S_1 と S_2 の間隔 D が狭いため，図 3.7(c)に示した二つのピークが接近して，一つのピークとなる）．これは，次のように解釈されている．図(b)の実験条件下では，もし仮に，光子 B の偏光状態（$\vec{E}_B$ が鉛直か水平か）および光子 A の偏光状態（円偏光が右回りか左回りか）を測定すれば，光子 A が S_1 と S_2 のどちらを通過したかを判定できる†（詳しくは，光学の教科書で偏光と偏光子について学んでから参考文献[14],[15]を参照されたい）．

つまり，光子 A がどちらのスリットを通ったかという情報が得られる状況にしたことが干渉性を消したと考えることができる．しかし，実際の実験では，光子 B の測定を行っていないにもかかわらず干渉が消えた．このことから，従来考えられていたように，測定操作が干渉を消すのではなく，どちらのスリットを通過したかという"情報"を（測定を行えば）知り得る可能性を作り出したことが干渉を消滅させたと解釈されている．

（3） その後，図(c)に示したように，光子 B の光路に直線偏光子（ポラライザ）P を（主軸を鉛直方向から 45°傾けて）置く．すると，光子 A による二重スリットの干渉縞が復活する．この現象は，直線偏光子 P を置いたことによって，P を通過した光子 B を測定しても非線形結晶を出たときの光子 B の偏光方向を知ることができなくなった（したがって光子 A が S_1, S_2 のいずれを通過したかを判定できなくなった）ため干渉像が復活したと解釈されている．つまり，光子 A がどちらの経路を通過したかという情報"どちらの経路情報（which path information）"が得られる可能性があるときには干渉は起こらない（上記（2））が，その情報を消去する（原理的に判定できなくする）と干渉が復活すると考えられている．"量子消去"の名称はこれに由来している．

その際，P を受光面より遠方に置いて，A が光子像を結んだ時刻より後に B が P に達するようにしても干渉縞が復活する．つまり，通路に関する情報を後から消去することによって干渉を復活させることができる．すなわち，時間をさかのぼって P の効果が光子 A に達しているように映る!?

---

† 例えば，光子 B が水平偏光である場合，鉛直偏光の光子 A が 1/4 波長板 Q_1（主軸角 +45°）角と Q_2（主軸角 −45°）に入射するので，前者（つまりスリット 1）を通過すれば右回り円偏光に，後者（スリット 2）を通過すれば左回り円偏光に変換される．光子 B が垂直偏光の場合には左右が逆転する．それゆえ光子 A, B の偏光状態の測定結果から光子 A が通過したスリットが**表 8.1** のように判定できる．

表 8.1 光子ペアーの偏光状態と光子 A が通過したスリット

光子 B	光子 A	通過スリット
水平偏光	右回り円偏光	1
	左回り円偏光	2
垂直偏光	右回り円偏光	2
	左回り円偏光	1

しかし，相互作用が時間をさかのぼって光子Bから光子Aに伝えられたと考えるべきではない．EPRペアーであるAとBは遠隔相関しているので，Bが直線偏光子Pによって変化を受けると，それと相関した変化をAが受けたために，干渉がよみがえったと考えるべきである．

一般に，波動が干渉を起こすことができるとき，その波動は**コヒーレント**（coherent，可干渉的）であるという．また，干渉を起こすことのできる性質を**コヒーレンス**（coherence，可干渉性）という．図3.4の二重スリットによる干渉実験で，干渉縞が得られたときの光強度は

$$|\Psi_1 + \Psi_2|^2 = |\Psi_1|^2 + |\Psi_2|^2 + \Psi_1\Psi_2^* + \Psi_1^*\Psi_2$$

で与えられ（式(3.6)），干渉しない状態では

$$|\Psi_1|^2 + |\Psi_2|^2$$

である（式(3.11)）．両者の差の

$$\Psi_1\Psi_2^* + \Psi_1^*\Psi_2$$

がコヒーレンスを表している．図8.7（b）の実験では，円偏光子 Q_1，Q_2 を含めた系で計算すると $\Psi_1\Psi_2^* + \Psi_1^*\Psi_2$ に相当する項がゼロであったのが，図（c）では直線偏光子Pを含めて計算するとゼロでなくなるために，干渉縞が復活したと説明されている．

このように量子力学によって説明できるとはいえ，率直に考えると，量子消去でEPR光子ペアーは，次のような"謎"めいた振舞いをしている．

① 光子ペアー間に遠隔相関が存在する（量子的粒子が非局性を示す）
② 遠隔相関が"過去"に及んでいる
③ 光子の挙動が"情報"をキーワードとして記述できる

しかし，量子消去に限らずすべての量子力学的な現象が"謎"めいているのは，古典論の枠組みを量子的粒子にあてはめているからであり，「古典論からは不思議に映るような振舞い（遠隔相関や非局所性）を示すのが量子的粒子である」と割り切れば"謎"はなくなる．このような立場から「量子論にパラドックスはない——量子のイメージ」（P.R.ウォレス著，荒牧正也，粟屋かよ子，沢田昭二訳，シュプリンガー・フェアラーク東京（1999））という興味深い解説書が出版されている（ただし量子消去は扱っていない）．

8.2.2　量子コンピュータと量子暗号通信

量子コンピュータでは図8.8に示したように，多くのデータを「重ね合わせの原理」（p.70）に基づいて，複数の量子的粒子で構成された系（図8.9（b））の重ね合わせ状態として一括して入力する．そして，この重ね合わせ状態を操作することによって演算を行う．瞬時に起こる波束の収縮を利用するので，桁違いに早い速度で並列演算が可能になる．それゆ

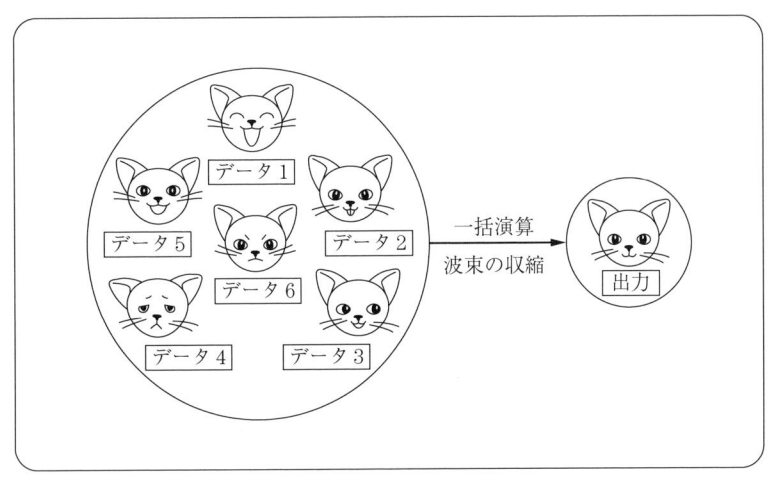

図 8.8 量子コンピュータでは，多くのデータを「重ね合わせの原理」に基づいて量子的粒子の「重ね合わせ」状態として一括して入力し，この重ね合わせ状態を操作して，大容量の並列演算を行う．さらに，瞬時に起こる波束の収縮を利用するので超高速演算が可能になる．

え，量子コンピュータによれば，スーパーコンピュータなどの既存の大型計算機をはるかにしのぐ超高速・大容量動作が可能になる．

図 8.9(a) に示すように，従来のコンピュータでは，半導体の電子素子 (LSI) を，素子の外部に存在しているプログラムに従って操作して演算を行う．ところが，図 (b) の量子コンピュータでは，量子的粒子の振舞い (EPR ペア間の遠隔相関，量子消去など) を利用して，量子的粒子それ自体に演算させる．

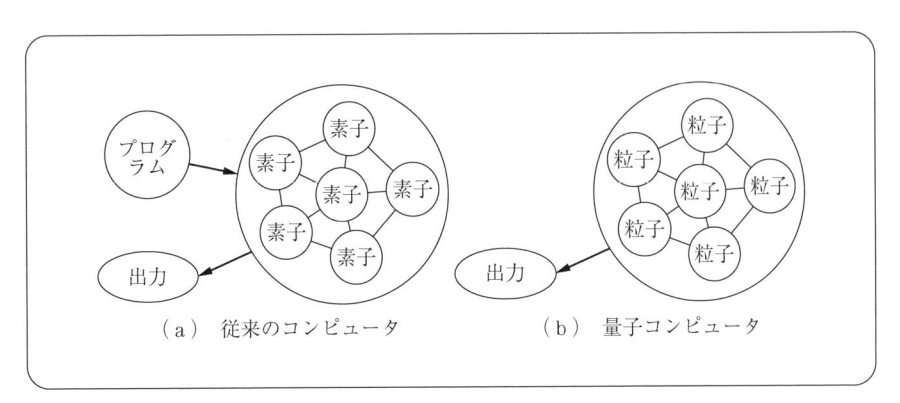

図 8.9 従来のコンピュータでは，外部に存在しているプログラムに従って，電子素子を操作して演算を行う (a)．量子コンピュータでは，量子的粒子それ自体が演算を行う (b)．

量子コンピュータの登場によって，物質の究極の実体 (リアリティー) を決定しているのは**情報**であるという見方が生み出された．この変化は，20 世紀はじめにアインシュタイン

の相対性理論によって物質とエネルギーが等価であることが発見されたことに匹敵する大きな物質観の変革であると考えられている．

量子暗号通信は，情報通信の機密を保持するための技術として考案された．古来，暗号に用いる鍵（乱数表）を秘密を守って送る完璧な方法がないことが大問題であった（もし乱数表を安全に送れる方法があるなら，それで通信文を送ればよいことになる）．こんにち，インターネットなどを介して伝えられる情報の秘密を守るために，鍵を送る必要がない"公開鍵暗号"が用いられている．受信者（例：クレジットカード社）は，暗号化に使う鍵を"公開鍵"として公開するが，復合するための鍵は"秘密鍵"として厳重に秘密に保管する．送信者（カード使用者）は公開鍵を用いて暗号化して送信するが，秘密鍵を持たない第三者（盗聴者）は復号できない．更に，公開鍵から秘密鍵を作り出すことはほとんど不可能なほど困難にされている．すなわち，桁数の大きな数の素因数分解を行うのがきわめて困難である（例えば，100桁以上の数ではスーパーコンピュータを用いても数億年以上かかる）ことを利用して，暗号の解読（秘密鍵を公開鍵からから作り出すこと）を困難にしている．

しかし，近年のコンピュータ技術の進歩は著しく，特に量子コンピュータが開発されれば，現在用いられている公開鍵暗号は簡単に破られてしまうと懸念されている．そこで，暗号化された文章だけからは決して解読できない暗号に用いる乱数表を，盗聴から守って安全に配信する方法として量子暗号通信が提案された．

図8.10に，最初に提案された量子暗号通信を示した．送信者は乱数表の1，0信号を，変調器を用いて光子の状態（例えば直交する二つの直線偏光，または左右の円偏光）として量子的伝送路を通して送る．受信者はそれを復調器によって1，0の光信号強度に戻す．もし，この間に盗聴されると，不確定性原理によって光子の状態が不可避的に変えられるので，

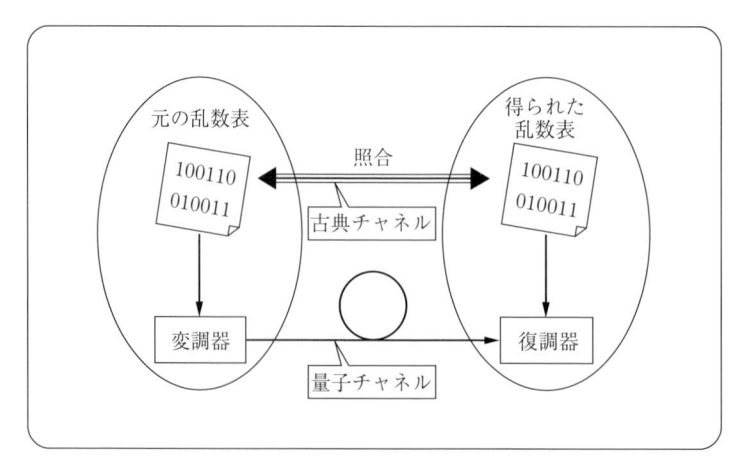

図8.10 量子暗号通信：乱数表を光子の状態で表して，量子チャネルで送る．得られた乱数表の一部を，古典チャネルで照合して，盗聴されたか否かを判定する．

「復調」された信号は，元の信号とは異なってしまう．つまり盗聴の痕跡が必ず残る．そこで受信した信号の一部だけを古典チャネル（普通の通信ケーブル）で送信し，元の信号と照合して盗聴の有無を確認する．盗聴されたと分かった乱数表を捨て，盗聴されていないと確認された乱数表を用いることによって，究極のセキュリティを確保する．

そのほか，EPRペアーを用いそれらの間に存在する遠隔相関を調べることによって盗聴をチェックする量子暗号通信技術も開発されている．

☕ 談 話 室 ☕

アリストテレスの謎と量子力学　大哲学者アリストテレスの"誤りだらけ"の運動学が，17世紀にガリレイらによって打ち倒された．ここから近代物理学が始まったとされている．

ところがアリストテレスは，他の分野では卓越した洞察力を発揮している．このような偉大な学者が，なぜ，物体の運動に関してのみあのような馬鹿げた誤りを犯しているのだろうか？　科学史家トーマス・クーンは，この問題を考え続けた．そしてある日，突如として悟った．アリストテレスは，ギリシャ哲学の思考の枠の中で，物体の"質"の変化（「潜在的な可能性」が実現していく過程）を追求していたのだと．それ以来クーンは，アリストテレスの思考方法に沿ってアリストテレスの自然学を理解するようになった．その結果，彼にはアリストテレスが偉大な"物理学者"として映るようになった．

クーンは，現代人が持つ知識の高みから，過去の人々の愚かさを断罪することを止め，彼らの思考様式で彼らを理解しようと努める，新しい科学史の方法論を構築した．そして科学史に"パラダイム"（一時代の支配的な物の見方）という概念を導入し，科学史の方法論を革新した．

さて，量子力学の基本原理は，理解しがたいパラドックスを含むと考えられ，論争の的とされてきた．それは，ミクロ世界の法則が，人々が懐いている日常生活の感覚とかけ離れているからであろう．いつの日か，「人々が量子力学の基本原理を謎と考えていたのは，彼らがミクロ世界のことがらを，日常経験の枠内で理解しようとしていたからだ」と論じる科学史家が現れるだろうか？

本章のまとめ

❶ **ノイマンの"意識が状態を収縮させる"説**　「否定的実験結果」から否定された．

❷ **シュレーディンガーの猫問題**　量子力学では，観測において，ミクロな現象からマクロな現象に移行するプロセスが説明できないことを示している．

❸ **コペンハーゲン解釈（正統的）**　　× 波束の収縮を天下り的に導入
　　　　　　　　　　　　　　　　　　× 観測の途中のプロセスが不明（図 8.5(a)）

❹ **多重世界解釈（異端的）**　　○ 波束の収縮も観測のプロセスも存在しない
　　　　　　　　　　　　　　　× 実証できない"多世界"の存在を仮定
　　　　　　　　　　　　　　　× 「経済性の原理」に反する

❺ **EPR 現象**　量子力学の予測どおりに遠隔相関が存在し，量子的粒子は非局所的であることが実験で示され，EPR パラドックスは EPR 現象として認められた．

❻ **量子消去（二重スリットによる干渉の場合）**　"どちらの経路情報"が得られるようにすると干渉が消滅するが，（干渉像を結ぶ時刻よりあとでも）その情報が得られないようにすると干渉が復活する．つまり"情報"が量子的粒子の振舞いを決定している．

❼ **量子コンピュータ**　データを重ね合わせた量子状態を操作して演算を行い，波束の収縮を利用して計算結果を求めるので，超高速演算が可能になる．

❽ **量子暗号通信**　量子力学の原理に基づいて盗聴の有無を判定できる通信方式．暗号鍵の配信に用いる．

●理解度の確認●

問 8.1　図 8.3 で，電子 A，B の代わりに，一組の手袋とし，右手袋または左手袋を，地球および月に，どちらがどちらに向けられたかは秘密にして配送する．すると，地球で受け取った人が，例えば右手袋であったと観測した瞬間に月に配送された手袋は左手袋であることがわかる．つまり，月の手袋に関する情報が瞬間的（時間ゼロ）に伝えられたと考えることができる．このことと EPR パラドックスで考えられた情報の瞬間的伝達との違いは何か．

付　録

1. フェルマーの原理と蜃気楼

スネルの法則からフェルマーの原理を導出する（逆にたどれば，フェルマーの原理からスネルの法則が導かれる）とともに，フェルマーの原理によって蜃気楼の機構を説明しよう．

1.1 スネルの法則からフェルマーの原理を導く

図 **A1.1** に示すように，屈折率 n_1 をもつ均一な媒体中の点 A から出た光線が，屈折率 n_2 をもつ均一媒体との境界面（水平面とする）上の点 P で反射して点 B に，また屈折して点 C に達したとする．点 A, B, C, P はすべて境界面に垂直な入射面内にある．点 P を通る鉛直線上の点を X, Y とすると，スネルの法則から

$$\angle \mathrm{APX}（入射角）= \angle \mathrm{XPB}（反射角）= \theta_1 \tag{A1.1a}$$

$$n_1 \sin\theta_1 = n_2 \sin\theta_2 \quad (\theta_2 = \angle \mathrm{YPC}：屈折角) \tag{A1.1b}$$

が成立する．これらの式を用いて，フェルマーの原理

$$\delta \int_{\mathrm{A}}^{\mathrm{B}} n\,dq = 0 \quad (n：媒体の屈折率, \ q：光路) \tag{A1.2}$$

が成り立つことを示そう．

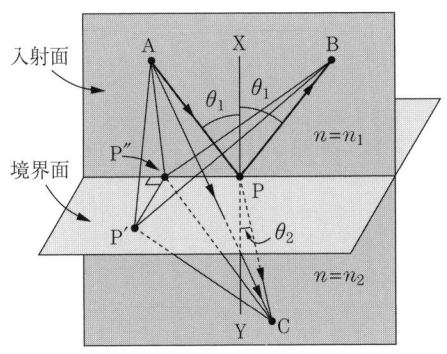

図 A1.1　光線が水平な境界面上で反射および屈折する様子

1.1.1 反射の場合

屈折率は光路 A → P → B のどこでも一定 (n_1) であるから，式(A 1.2)は，真の光路長 AP + PB が最短であることを示している．これは次のように証明できる．

仮に光線が，点 P ではなく，境界面上の任意の点 P′ で反射して点 B に達したとする．点 P′ から入射面におろした垂線の足を P″ とすると，仮想的な光路 A → P′ → B よりも，P″ を通る，入射面内の仮想的な光路 A → P″ → B のほうが短い．なぜなら，△AP″P′ と △BP″P′ は直角三角形であり，直角の対辺が他の辺より大きいので

$$AP' \geqq AP'' \tag{A 1.3}$$

$$P'B \geqq P''B \tag{A 1.4}$$

が成り立つからである．更に，この光路 A → P″ → B よりも真の光路 A → P → B のほうが短い．なぜなら，図 **A1.2** に示すように，点 A の境界面（水平面）に関する鏡像点を A′ とし，AA′ と境界面の交点を H とすると，△AHP″ ≡ △A′HP″, △AHP ≡ △A′HP であるから

$$AP'' + P''B = A'P'' + P''B \geqq A'B = A'P + PB = AP + PB \tag{A 1.5}$$

が成り立つからである．

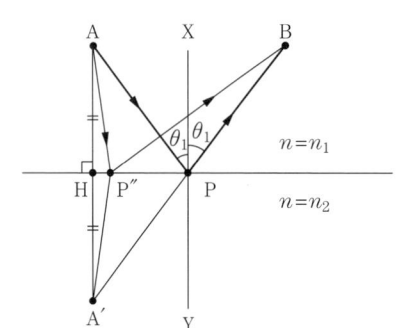

図 **A1.2** 入射面内で示した反射光の経路

1.1.2 屈折の場合

光線が，上記の任意の点 P′ で屈折して点 C に達したと仮定すると，経路積分は

$$\int_{A \to P' \to B} n\,dq = n_1 AP' + n_2 P'C \tag{A 1.6}$$

である．この右辺で AP′ ≧ AP″（式(A 1.3)），P′C ≧ P″C（∵ △P′P″C は直角三角形）であるから

$$\int_{A \to P' \to B} n\,dq \geqq n_1 AP'' + n_2 P''C \tag{A 1.7}$$

が成り立つ．

式 (A 1.7) の右辺を $f(x)$ とおくと，図 **A1.3** に示すような入射面内の長さ x, a, h_1, h_2 を用いて

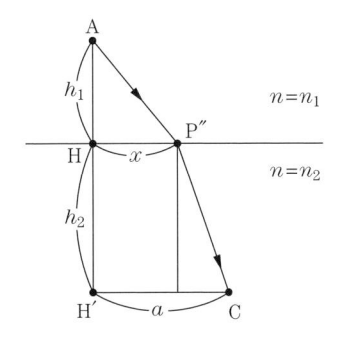

図 A1.3　入射面内で示した屈折光の経路

$$f(x) = n_1\sqrt{x^2 + h_1^2} + n_2\sqrt{(a-x) + h_2^2} \tag{A1.8}$$

と表される．$df/dx = 0$ となる x は

$$n_1\frac{x}{\sqrt{x^2 + h_1^2}} = n_2\frac{a-x}{\sqrt{(a-x)^2 + h_2^2}} \tag{A1.9}$$

という関係を満たし，このとき $f(x)$ は最小値をとる．式(A1.9)は，式(A1.1b)のスネルの法則を表している．

1.2　スネルの法則の持つ意味

媒質の屈折率 n は，光の伝搬速度 $v\,(= dq/dt)$ を用いて

$$n = \frac{c}{v} = c\frac{dt}{dq} \qquad (c：真空中の光の速度，t：時間) \tag{A1.10}$$

と表される．式(A1.10)を式(A1.2)に代入すると

$$\delta\int_A^B cdt \propto \delta\int_A^B dt = 0 \tag{A1.11}$$

を得る．式(1.11)で，$\int_A^B dt$ は点 A から点 B に到達するのに要する時間を表す．したがって，フェルマーの原理は，光線は最も短い時間で目的地に達する経路をたどることを表している．

このことから，スネルの屈折の法則の意味を考えてみよう．図 A1.1 では，$\theta_1 > \theta_2$ であるから，式(A1.1b)から $n_1 < n_2$，つまり $v_1 > v_2$ の場合に相当している．これを**図 A1.4**に示したように，陸上の点 A から歩き出し，海岸線上の点 P から海中の点 C まで泳ぐ人にたとえてみよう．泳ぐ速度 (v_2) は陸上を歩く速度 (v_1) より遅い．したがって，点 A から一直線上を進む経路 A → Q → C よりも，点 H から海岸線に対して直角に泳ぐ経路 A → H → C のほうが，遅い速度で泳ぐ距離が短いので有利であるように見える．しかし，陸上を歩く距離 AH は AQ よりも長い．両者のかねあいから，最短時間で A から C に達することができる最適の地点 P が，スネルの法則 ($\sin\theta_1/v_1 = \sin\theta_2/v_2$) によって決まるのである．

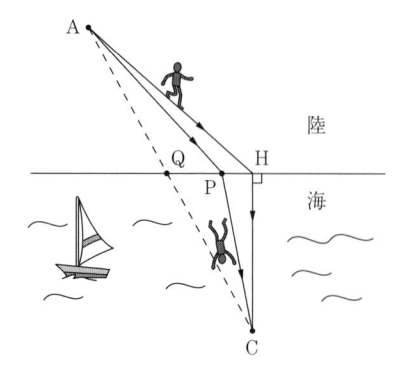

図 A1.4　屈折光の経路（図 A1.3）を，陸上の点 A から海中の点 C を目指す人の経路にたとえる．

1.3　蜃　気　楼

　図 A1.5 に示したように，屈折率が連続的に変化している媒体に光が入射すると，光はフェルマーの原理に従い最短時間で目的地に達しようとするので光路が曲がる．

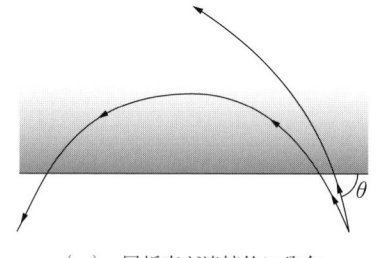

（a）屈折率が連続的に分布した媒体中に光線が入射すると進路が曲がる様子

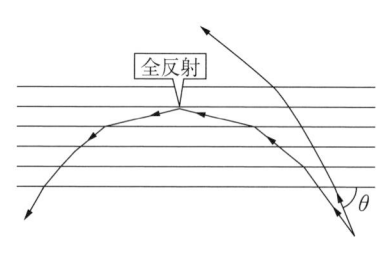

（b）媒体を仮想的に屈折率が異なる薄い層に分けると，各層の境界面で屈折（および全反射）が起こるので光線の進路が曲がることが説明される．

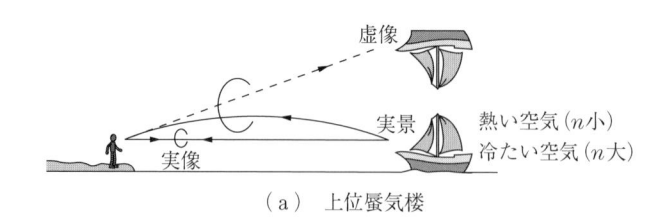

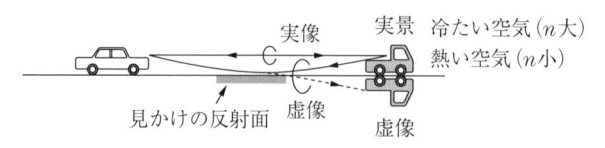

図 A1.5

（a）上位蜃気楼

（b）逃げ水（下位蜃気楼）

図 A1.6　蜃気楼で，虚像と実像が見えるメカニズム

蜃気楼は，図 **A1**.6（a）に示すように，地面（または海面）に冷たい空気が流れ込んできて上部に暖かい空気が存在する場合に起こる．気体の屈折率は温度が高いほど小さいので，実際の景色（実景）から斜め上方向に進んだ光線の光路が曲げられて，倒立した虚像が実像（実景から水平に進んだ光線による）の上側に作られる．これを**上位蜃気楼**という．

暑い日に高速道路では，前方を走る車両を映す水たまりのようなものが見えることがある（図（b））．先を行く車両に近づきすぎると消えてしまうので，これは**逃げ水**と呼ばれる．太陽光線によって道路面の温度が上昇して，上部ほど温度が低くなると，先行車両から下に向けて進んだ光線が湾曲するので，倒立した虚像が作られる．これは，実景の下側に倒立虚像が見える**下位蜃気楼**と同じ現象である．先行車両に近づきすぎると，虚像を作る光線の入射角（図 A 1.5（b）の θ）が大きくなるので，見かけの反射面で全反射できなくなるために虚像が逃げるように消えるのである．

図 **A1.7** に示したように，日の出，日の入りで，太陽の位置が実際の位置より高く見えるのは，上空ほど大気の濃度が薄い（つまり屈折率が小さい）ので，太陽光線が地球に向かって湾曲して進むためである．

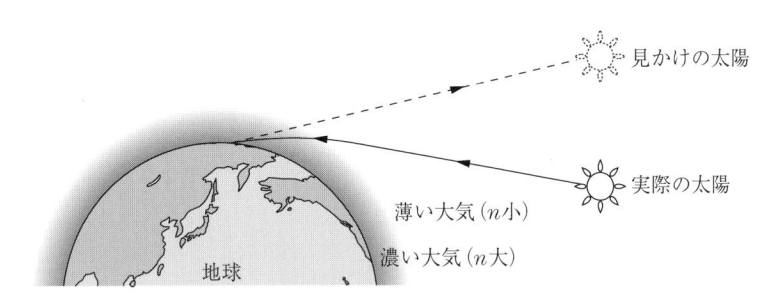

図 A1.7　太陽が昇るときと沈むときに，実際の位置より高い角度に見える理由

2. ハミルトンの原理とハミルトン・ヤコビの方程式

解析力学の基礎であるハミルトンの原理が，ニュートンの運動方程式と等価であることを示すとともに，ハミルトンの原理からハミルトン・ヤコビの方程式を導出しよう．

解析力学では，多くの粒子（物体）を含んだ多粒子系を対象として，更に一般化された座標 $(q_1, q_2, \cdots)$ と運動量 $(p_1, p_2, \cdots)$ を用いているが，ここでは簡単にするため，1 個の粒子（質量 m）だけを含む系を考え，更に直交座標系で考える．また，エネルギーの保存則が成り立つ保存系に限定し，粒子に働くポテンシャルを $V(x, y, z)$ で表す．

粒子の運動エネルギーは，座標(x, y, z)および運動量$(p_x, p_y, p_z) = (m\dot{x}, m\dot{y}, m\dot{z})$を用いて

$$T = \frac{m}{2}(\dot{x}^2 + \dot{y}^2 + \dot{z}^2) = \frac{1}{2m}(p_x^2 + p_y^2 + p_z^2) \qquad 〔運動エネルギー〕 \quad (A2.1)$$

と表される（上付きの「・」は時間微分を示す）．解析力学では，このTとVの和および差で定義され，発案者の名を冠してハミルトニアンおよびラグランジュアンと呼ばれる関数

$$H = T + V = \frac{m}{2}(\dot{x}^2 + \dot{y}^2 + \dot{z}^2) + V(x, y, z) \qquad 〔ハミルトニアン〕 \quad (A2.2)$$

$$L = T - V = \frac{m}{2}(\dot{x}^2 + \dot{y}^2 + \dot{z}^2) - V(x, y, z) \qquad 〔ラグランジュアン〕$$

$$(A2.3)$$

を用いて粒子の運動を論じる．

ハミルトニアンは粒子の全（力学的）エネルギーに相当するので，ここで考えている保存系で成立するエネルギー保存則は，粒子のエネルギーをEとして

$$H = E \qquad 〔エネルギー保存則〕 \qquad (A2.4)$$

と表される．

ここで，図2.12(a)に示したように，点Aから出発して点Bに達する粒子の運動を考えよう．粒子がたどる真の経路は，点Aを出発した時刻をt_A，点Bに到達したときの時刻をt_Bとして，Lの経路積分が最小となる（停留値をとる），すなわち

$$\delta \int_{t_A}^{t_B} L dt = 0 \qquad 〔ハミルトンの原理〕 \qquad (A2.5)$$

を満たすものである．これを**ハミルトンの原理**という．

式(A2.5)がニュートンの運動方程式と等価であることを示そう．真の運動状態からはずれさせるには，粒子の位置座標または運動量を変えればよい．したがって，x, y, zのみならず，$\dot{x}, \dot{y}, \dot{z}$も独立変数であるとして式(A2.5)の変分を計算すると

$$\delta \int_{t_A}^{t_B} L dt = \int_{t_A}^{t_B} \left(\frac{\partial L}{\partial x} dx + \frac{\partial L}{\partial y} dy + \frac{\partial L}{\partial z} z + \frac{\partial L}{\partial \dot{x}} d\dot{x} + \frac{\partial L}{\partial \dot{y}} d\dot{y} + \frac{\partial L}{\partial \dot{z}} \dot{z} \right) dt \quad (A2.6\text{a})$$

$$= \int_{t_A}^{t_B} \left(\frac{\partial L}{\partial x} dx + \frac{\partial L}{\partial y} dy + \frac{\partial L}{\partial z} dz \right) dt + \left[\frac{\partial L}{\partial \dot{x}} dx \right]_{t_A}^{t_B} - \int_{t_A}^{t_B} \left(\frac{d}{dt} \cdot \frac{\partial L}{\partial \dot{x}} \right) dx dt$$

$$+ \left[\frac{\partial L}{\partial \dot{y}} dy \right]_{t_A}^{t_B} - \int_{t_A}^{t_B} \left(\frac{d}{dt} \cdot \frac{\partial L}{\partial \dot{y}} \right) dy dt + \left[\frac{\partial L}{\partial \dot{z}} dz \right]_{t_A}^{t_B} - \int_{t_A}^{t_B} \left(\frac{d}{dt} \cdot \frac{\partial L}{\partial \dot{z}} \right) dz dt$$

$$(A2.6\text{b})$$

となる．ただし，tに関する部分積分公式

$$\int f(t) g(t) \, dt = f \int g dt - \int \left\{ \frac{\partial f}{\partial t} \left(\int g dt \right) \right\} dt$$

を用い

$$f = \frac{\partial L}{\partial \dot{x}}, \qquad g = d\dot{x}$$

などとおき，更に $\int d\dot{x}\, dt = dx$ などをも用いた．式 (A 2.6 b) の右辺で

$$\left[\frac{\partial L}{\partial \dot{x}} dx\right]_{t_A}^{t_B} \left(= \left(\frac{\partial L}{\partial \dot{x}}\right)_{t=t_B} \cdot (dx)_{t=t_B} - \left(\frac{\partial L}{\partial \dot{x}}\right)_{t=t_A} \cdot (dx)_{t=t_A} \right)$$

などの項はすべてゼロになる．なぜなら，点 A, B は固定されているから $(dx)_{t=t_B} = (dx)_{t=t_A} = 0$ であるからである．よって，式 (A 2.6 b) は

$$\delta \int_{t_A}^{t_B} L dt = \int_{t_A}^{t_B} \left[\left(\frac{\partial L}{\partial x} - \frac{d}{dt} \cdot \frac{\partial L}{\partial \dot{x}}\right) dx + \left(\frac{\partial L}{\partial y} - \frac{d}{dt} \cdot \frac{\partial L}{\partial \dot{y}}\right) dy \right. $$
$$\left. + \left(\frac{\partial L}{\partial z} - \frac{d}{dt} \cdot \frac{\partial L}{\partial \dot{z}}\right) dz \right] dt = 0 \tag{A 2.7}$$

となる．これが恒常的に成立するためには，右辺のすべての（ ）内の関数がゼロでなければならない．したがって

$$\frac{\partial L}{\partial x} - \frac{d}{dt} \cdot \frac{\partial L}{\partial \dot{x}} = 0, \qquad \frac{\partial L}{\partial y} - \frac{d}{dt} \cdot \frac{\partial L}{\partial \dot{y}} = 0, \qquad \frac{\partial L}{\partial z} - \frac{d}{dt} \cdot \frac{\partial L}{\partial \dot{z}} = 0$$
〔ラグランジェの方程式〕(A 2.8)

が成り立つ．これを**ラグランジェの方程式**という．

式 (A 2.3) から

$$\frac{\partial L}{\partial x} = \frac{\partial V}{\partial x}, \qquad \frac{\partial L}{\partial y} = \frac{\partial V}{\partial y}, \qquad \frac{\partial L}{\partial z} = \frac{\partial V}{\partial z} \tag{A 2.9 a}$$

$$\frac{d}{dt} \cdot \frac{\partial L}{\partial \dot{x}} = m\ddot{x}, \qquad \frac{d}{dt} \cdot \frac{\partial L}{\partial \dot{y}} = m\ddot{y}, \qquad \frac{d}{dt} \cdot \frac{\partial L}{\partial \dot{z}} = m\ddot{z} \tag{A 2.9 b}$$

を得るので，これらの式を式 (A 2.8) に代入してニュートンの運動方程式

$$m\ddot{x} + \frac{\partial V}{\partial x} = 0, \qquad m\ddot{y} + \frac{\partial V}{\partial y} = 0, \qquad m\ddot{z} + \frac{\partial V}{\partial z} = 0 \tag{A 2.10}$$

が得られる（上付きの「‥」は時間に関する二階微分を示す）．

ラグランジュアン L は，式 (A 2.1)〜(A 2.4) から

$$L = T - (E - T) = 2T - E = m(\dot{x}^2 + \dot{y}^2 + \dot{z}^2) - E \tag{A 2.11}$$

と表されるので，改めて真の運動の道筋に沿った L の経路積分を考え，これを W とおくと

$$W(x, y, z, t) = \int_{t_A}^{t_B} L dt = \int_{t_A}^{t_B} m(\dot{x}\dot{x}dt + \dot{y}\dot{y}dt + \dot{z}\dot{z}dt) - Et$$
$$= \int_A^B (p_x dx + p_x dy + p_x dz) - Et \tag{A 2.12}$$

と計算される（点 B の座標を $x, y, z, t = t_B - t_A$ とおいた）．したがって，W は

$$W(x, y, z, t) = S(x, y, z) - Et \tag{A 2.13}$$

と表される．ここで，$S(x, y, z)$ は

$$S(x, y, z) = \int_A^B p(x, y, z)\, dq \tag{A 2.14}$$

で定義された作用量積分である．W は，**ハミルトンの主関数**と呼ばれる．

式(A 2.11)で E は一定であるから，ハミルトンの原理（式(A 2.5)）は

$$\delta \int_A^B p dq = 0 \tag{A 2.15}$$

となる．すなわち最小作用の原理（式(2.22)）と一致する．（以上の結果は，保存系（$E=$ 一定）と限定したからこそ成り立つことに注意）．

式(A 2.13)，(A 2.14)から，粒子の運動量ベクトル $\vec{p}$ は

$$\vec{p} = \mathrm{grad}\, W = \mathrm{grad}\, S \tag{A 2.16}$$

で与えられるから，全エネルギー，すなわちハミルトニアンは

$$H = \frac{1}{2m}|\vec{p}|^2 + V = \frac{1}{2m}|\mathrm{grad}\, W|^2 + V \tag{A 2.17}$$

と表される．

また，式(A 2.12)から

$$\frac{\partial W}{\partial t} = -E \tag{A 2.18}$$

を得るので，式(A 2.17)，(A 2.18)を式(A 2.4)に代入して，**ハミルトン・ヤコビの（偏微分）方程式**

$$\frac{1}{2m}\left\{\frac{\partial^2 W}{\partial x^2} + \frac{\partial^2 W}{\partial y^2} + \frac{\partial^2 W}{\partial z^2}\right\} + V(x, y, z) = -\frac{\partial W}{\partial t} \tag{A 2.19}$$

が得られる．

3. 近接場光の応用

「近接場光」または「エバネッセント光」と呼ばれる光の減衰波が，ナノ技術および光学素子の分野で応用されていることを紹介しよう．

図A3.1（a）に示すように，光ファイバの先端を細くして，最先端（開口部）以外を金属膜でコートすると，開口部の周辺に近接場光が作られる．このファイバプローブを物体の周辺で走査（スキャン）して物体の像を観測する走査型・近接場光学顕微鏡が作られている（図（b））．開口部の直径（$2a = 2 \sim 3$ nm）が光の波長よりはるかに小さいので，光学顕微鏡の分解能（$\varDelta x = 0.6\lambda/\sin\alpha ≒ \lambda$：数百nm）より極めて高い分解能（数nm）が得られる．

近接場光の電場は，原子の内部に電気分極を誘起する．この電気分極が光の電場に引き付けられる力を利用して，原子を捕獲する原子捕獲が行われている（図（a））．更に，近接場光による化学反応を利用して，ナノメートルサイズで半導体などの表面を加工したりコートする技術も開発されている．

付　　　録

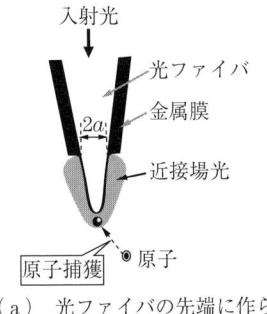

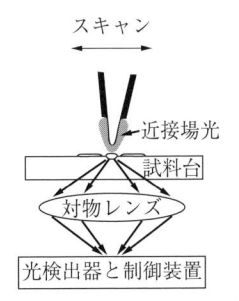

(a) 光ファイバの先端に作られる近接場光と原子捕獲

(b) 走査型・近接場光学顕微鏡

図 **A3.1**

　近接場光を扱い，それを応用する学問分野は**ナノフォトニクス**と呼ばれ，近年，ナノテクノロジーで重要な位置を占めている．

　プリズムで光が全反射された面の表面の近傍には，近接場光が存在している(図 **A3.2**(a))．この近接場光に接するように第二のプリズムを置くと，図(b)に示すように近接場光が透過光として進む．これは，図4.10(a)で示したトンネル効果と類似の現象であり，光ビームスプリッタに利用されている．このような現象は古くからニュートンによって発見されていた．

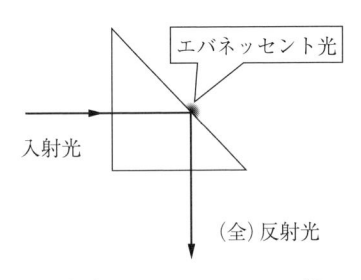

(a) プリズムによる全反射

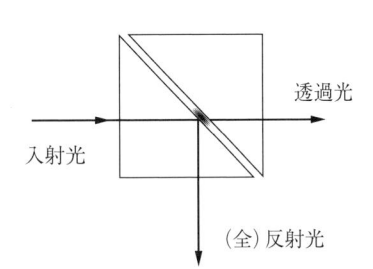

(b) ビームスプリッタでは，エバネッセント光が透過光となる．

図 **A3.2**

4. エルミート演算子・完全直交系と演算子の行列表示

量子力学で用いられる線形演算子がエルミート演算子であり，その固有関数が完全直交関数系をなすことを説明しよう．また，演算子の行列表示と，行列力学の基本的なコンセプトを紹介する．

4.1 エルミート演算子と完全直交系

物理量 A に対応する線形演算子 $\hat{A}$ は，次のような性質をもつ．

任意の二つの波動関数 Ψ, Φ について

$$\int \Psi^* \hat{A} \Phi dv = \int (\hat{A}\Psi)^* \Phi dv \tag{A 4.1 a}$$

が成り立つとき $\hat{A}$ を**エルミート演算子**といい，このような性質を**エルミート性**と呼ぶ．量子力学で用いる線形演算子はエルミート演算子である．

式(A 4.1 a)を内積で表せば，エルミート性とは，演算子を次式に矢印で示したように動かせることである．

$$(\overset{\curvearrowright}{\Psi, \hat{A}\Phi}) = (\hat{A}\Psi, \Phi) \tag{A 4.1 b}$$

もし，$\hat{A}$ が単なる実数であれば，式(A 4.1 a)，式(A 4.1 b)が成り立つので，エルミート演算子とは，「実数の概念を演算子に拡張したもの」と考えられる．

ところで，物理量は実数であるから，それに対応する演算子がエルミート性をもつことが理解できる．また，次に述べるように演算子の固有関数が完全系をなすことから演算子のエルミート性を導き出すことができる．

演算子 $\hat{A}$ がハミルトニアン $\hat{H}$ と交換可能である場合には，$\hat{H}$ と $\hat{A}$ 共通の固有関数である直交関数系 $\Psi_1, \Psi_2, \cdots, \Psi_\infty$ に関して，次の定理が成り立つ．

固有関数の完全性

一般に，任意の（といってもあまり特異性の強いものを除く）関数が，ある直交関数系で展開できるときに，この関数系を**完全系**という．エルミート演算子 $\hat{A}$ の固有関数である（$\hat{H}$ の固有関数でもある）直交関数系 $\Psi_1, \Psi_2, \cdots, \Psi_\infty$ は完全系であり，任意の波動関数 Ψ は

$$\Psi = c_1 \Psi_1 + c_2 \Psi_2 + \cdots = \sum_{i=1}^{\infty} c_i \Psi_i \tag{A 4.2}$$

と展開できる．

もし，$\Psi_1, \Psi_2, \cdots, \Psi_\infty$ が規格化されている，すなわち

$$\int \Psi_i^* \Psi_j dv = (\Psi_i, \Psi_j) = \delta_{i,j} = \begin{cases} 1 & (i=j) \\ 0 & (i \neq j) \end{cases} \quad (i, j = 1, 2, \cdots, \infty) \tag{A 4.3}$$

であれば，これを**規格完全直交関数系**という．

規格完全直交関数系 $\Psi_1, \Psi_2, \cdots, \Psi_\infty$ を用いて，式(A 4.1 a)の Ψ と Φ を，それぞれ式(A 4.2)および

$$\Phi = d_1 \Psi_1 + d_2 \Psi_2 + \cdots = \sum_{j=1}^{\infty} d_j \Psi_j \tag{A 4.4}$$

のように展開したとする．$\Psi_1, \Psi_2, \cdots, \Psi_\infty$ の固有値をそれぞれ $a_1, a_2, a_3, \cdots$ とすると

$$\hat{A} \Psi_i = a_i \Psi_i \quad (i = 1, 2, 3, \cdots) \tag{A 4.5}$$

であるから，式(A 4.1 a)の両辺は，式(A 4.3)～(A 4.5)から

$$\begin{aligned}
左辺 &= \int \left[\left(\sum_{i=1}^{\infty} c_i \Psi_i \right)^* \hat{A} \left(\sum_{j=1}^{\infty} d_j \Psi_j \right) \right] dv \\
&= \int \left[\left(\sum_{i=1}^{\infty} c_i^* \Psi_i^* \right) \left(\sum_{j=1}^{\infty} d_j a_j \Psi_j \right) \right] dv \\
&= \sum_{i=1}^{\infty} \left(c_i^* d_i a_i \int \Psi_i^* \Psi_i dv \right) + \sum_{i \neq j}^{\infty} \left(c_i^* d_j a_j \int \Psi_i^* \Psi_j dv \right) \\
&= \sum_{i=1}^{\infty} c_i^* d_i a_i
\end{aligned} \tag{A 4.6 a}$$

$$\begin{aligned}
右辺 &= \int \left[\left(\hat{A} \sum_{i=1}^{\infty} c_i \Psi_i \right)^* \left(\sum_{j=1}^{\infty} d_j \Psi_j \right) \right] dv \\
&= \int \left[\left(\sum_{i=1}^{\infty} c_i a_i \Psi_i \right)^* \left(\sum_{j=1}^{\infty} d_j \Psi_j \right) \right] dv \\
&= \sum_{i=1}^{\infty} \left(c_i^* a_i d_i \int \Psi_i^* \Psi_i dv \right) + \sum_{i \neq j}^{\infty} \left(c_i^* a_i d_j \int \Psi_i^* \Psi_j dv \right) \\
&= \sum_{i=1}^{\infty} c_i^* d_i a_i
\end{aligned} \tag{A 4.6 b}$$

のように等しくなることが示される．ここで，a_i ($i = 1, 2, 3, \cdots$) が実数であることを用いた．つまり，物理量が実数であることから演算子のエルミート性が導かれるのである．

4.2 演算子の行列表示と行列力学

演算子 $\hat{A}$ の機能は，これを任意の波動関数に作用させたときにどのような波動関数が作り出されるかによって示される．完全系を用いて式(A 4.2)のように展開される任意の波動関数 Ψ に $\hat{A}$ を作用させると

$$\hat{A} \Psi = \hat{A} \sum_{i=1}^{\infty} c_i \Psi_i = \sum_{i=1}^{\infty} c_i \hat{A} \Psi_i \tag{A 4.7}$$

となる．右辺の $\hat{A}\Psi_1, \hat{A}\Psi_2, \cdots$ のうちの一つである $\hat{A}\Psi_n$ は

$$\widehat{A}\varPsi_n = \sum_{m=1}^{\infty} A_{mn}\varPsi_m \tag{A 4.8}$$

と展開できる．ここで，式(A 4.8)の展開係数 A_{mn} のすべて（$m, n = 1, 2, 3, \cdots$）が分かれば演算子 $\widehat{A}$ の機能が分かる．そこで，A_{mn} 全体を

$$[\widehat{A}] = \begin{bmatrix} A_{11} & A_{12} & A_{13} & \cdots \\ A_{21} & A_{22} & A_{23} & \cdots \\ A_{31} & A_{32} & A_{33} & \cdots \\ \cdots & \cdots & \cdots & \cdots \end{bmatrix} \tag{A 4.9}$$

のように配列した行列で演算子 $\widehat{A}$ を表す．行列の要素 A_{mn} は，基底の完全系が規格化されていれば次式で与えられる．

$$A_{mn} = \int \varPsi_m^* \widehat{A}\varPhi_n dv = (\varPsi_m, \widehat{A}\varPhi_n) \tag{A 4.10}$$

A_{mn} の間には，式(A 4.1 b)と式(5.7 a)から

$$A_{mn} = A_{nm}^*$$

という関係が成り立つ（上付きの * は共役複素数を表す）．このような行列を**エルミート行列**という．

行列を作るときに基底として用いられている規格完全直交系 $\varPsi_1, \varPsi_2, \cdots, \varPsi_\infty$ は，**行列の基礎関数系**と呼ばれる．$\varPsi_1, \varPsi_2, \cdots, \varPsi_\infty$ のエネルギー固有値を $E_1, E_2, \cdots, E_\infty$，つまり

$$\widehat{H}\varPsi_i = E_i\varPsi_i \quad (i = 1, 2, 3, \cdots) \tag{A 4.11}$$

とする．

ハミルトニアンの行列 $\widehat{H}$ は

$$[\widehat{H}] = \begin{bmatrix} E_1 & 0 & 0 & 0 & \cdots \\ 0 & E_2 & 0 & 0 & \cdots \\ 0 & 0 & E_3 & 0 & \cdots \\ \cdots & \cdots & \cdots & \cdots & \cdots \end{bmatrix} \tag{A 4.12}$$

のように，エネルギー固有値を成分にもつ対角行列となる．したがって，シュレーディンガー方程式を解くことは，$\widehat{H}$ の行列を対角化する基礎系を見いだすこと同じである．一般に，（大学一年の代数学で習うように）エルミート行列は対角化できる．ゆえに，「エルミート行列の対角化問題（固有値問題）」として $\widehat{H}$ を対角化すれば，得られた基礎系と固有値が，系の固有関数とエネルギー固有値に相当する．対角化問題の最も簡単な例題を次の付録 5. に載せた．

5. スピン測定と不確定性原理

シュテルン・ゲルラッハの実験（図 7.3，図 8.1）で，スピンの一方向の成分を測定したのち，再びスピン成分の測定を行うとどのようなことが起こるだろうか．不確定性原理とかかわっているこの問題を説明しよう．

図 A5.1(a) は，z 方向のスピンを測定したのち，再び同じ z 方向の勾配磁界（$\partial B/\partial z < 0$）を用いて測定を行う場合を示す．最初の磁界でスピンが上向きに曲げられた場合には，スピンは $s_z = +\hbar/2$ の固有状態に収縮しているので，あとの磁界によっても上向きに曲げられる．すなわち，電子は必ず経路 ① をたどり，経路 ② をたどることはない．はじめにスピンが下向きに曲げられた場合には，スピンは $s_z = -\hbar/2$ の固有状態に収縮しているので，次の測定では必ず下向きに曲げられる．つまり，経路 ④ をたどり，③ をたどることはない．

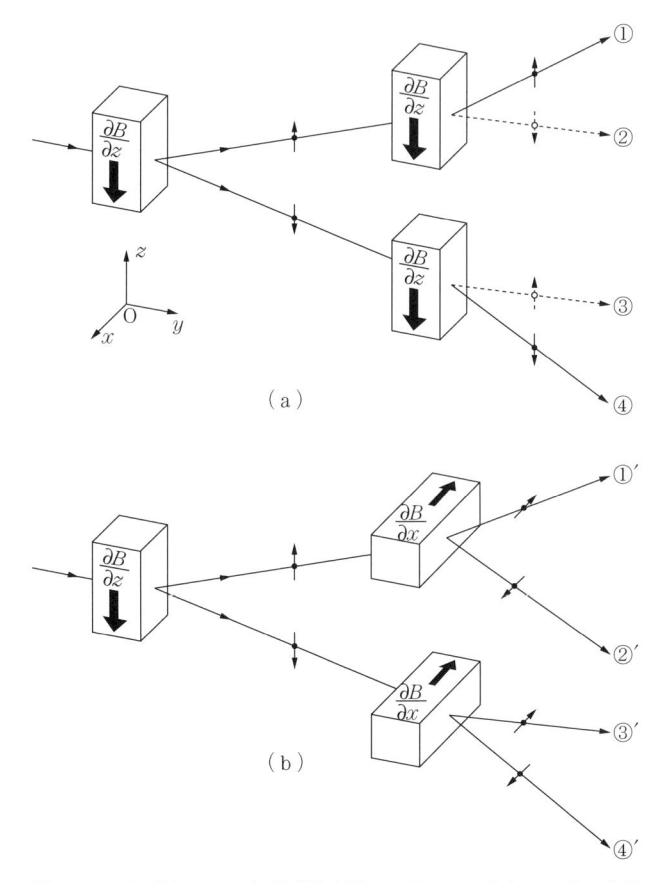

図 A5.1　$\partial B/\partial z < 0$ の勾配磁界を用いて電子の z 方向のスピン成分を測定したのち，（a）$\partial B/\partial z < 0$ および（b）$\partial B/\partial x < 0$ の勾配磁界で，それぞれ z および x 方向のスピン成分を測定する実験．ここで，磁場から電子に働くローレンツ力は無視して電子（矢印方向のスピンをもつ）の進む方向を示している．

図（b）は，z 方向のスピンを測定したあとで，それと直角の x 方向に測定した場合を示す．はじめに上向きおよび下向きに曲げられたどちらの場合でも，電子は $+x$ および $-x$ のいずれかの方向に曲がり，経路 ①′，②′，③′，④′ のすべてをたどることができる．なぜなら，スピン角運動量演算子の z 成分 $\hat{s}_z$ と x 成分 $\hat{s}_x$ の間には式(7.14 a)，すなわち

$$[\hat{s}_z, \hat{s}_x] = i\hbar \hat{s}_y$$

という交換関係が成り立ち，交換不可能なので不確定性原理によって，s_z が確定した状態では s_x は確定しないからである．s_z が確定した状態では（上向きスピンおよび下向きスピンのいずれでも），$s_x = +\hbar/2$ と $s_x = -\hbar/2$ の状態が 1:1 で重ね合わされているので，x 方向の勾配磁界によって $+x$ および $-x$ 方向に同じ確率で曲げられる．

引用・参考文献

1) 阿部正紀：電子物性概論 ── 量子論の基礎, pp.12-16, pp.102-110, 培風館（2005）．
2) M．ヤンマー（小出昭一郎 訳）：量子力学史 2, pp.48-49, 東京図書（1974）．
3) 広重　徹：物理学史 I, pp.175-180, 培風館（1968）．
4) K．プルチブラム（江沢　洋 訳・解説）：波動力学形成史 ── シュレーディンガーの書簡と小伝, pp.159〜182, みすず書房（1982）．
5) 湯川秀樹監修, 田中　正・南　政次 共訳：波動力学論文集 ── シュレーディンガー選集 1, 共立出版（1974）．
6) 朝永振一郎：光子の裁判,（学術文庫「鏡の中の物理学」）, p.78, 講談社（1976）．
7) M. Arndt, O. Nariz, J. Petschika and A. Zeilinger：Compte Rendes Acad. Sci. Paris, t.2, Series IV, p.581（2001）．
8) 石井　茂：ハイゼンベルクの顕微鏡 ── 不確定性原理は超えられるか, pp.93-99, pp.247-250, 日経BP社,（2006）．（不確定性原理以外の量子力学の基本原理もわかりやすく解説されている）
9) 小澤正直：不確定性原理・保存法則・量子計算, 日本物理学会誌, Vol.59, No 3. pp.157-165（2004）．
10) 長澤正雄：シュレーディンガーのジレンマと夢, 森北出版（2003）．
11) 町田　茂：量子論の新段階, 丸善（1986）．
12) http：//www.cs.umd.edu/~ khennacy/research/dragon/index.htm
13) 町田　茂：量子力学の反乱, p.221, 学習研究社（1994）．
14) S. P. Walborn, M. O. Terra Cunha, S. Padua and C. H Monken：Physical Review A, **65**, 033818（2002）．
15) http：//grad.physics.sunysb.edu/~ amarch/

理解度の確認；解説

（1 章）

問 1.1 古典論では説明できない光に関する不思議な現象（黒体放射，水素原子の光スペクトルなど）を解明する研究が 19 世紀末になされたことが，量子力学誕生の直接的なきっかけとなった．その約百年前にハミルトンが粒子の運動を光と同じように波動を用いて記述した業績から，ド・ブロイとシュレーディンガーが物質波とその波動方程式を着想した．

問 1.2 われわれは，自分が経験したことのない事柄は受け入れにくい（人はすべてのことを自分の経験に基づいて判断するからであろう）．量子力学は，我々が経験したことのないミクロ世界を対象としているのでとっつきにくい．しかし，パソコンなど日常的にわれわれが親しんでいるものが，ミクロ世界における電子や光子の振舞いとその原理（量子力学）を活用していることを思えば，量子力学も身近に感じられるのではないか．自分が経験したことのない世界（外国）を拒否していた竜馬が，貿易と国防を通じて外国とかかわりがあることを悟って外国に対して心を開いたように．

（2 章）

問 2.1 室温では ν_m が遠赤外領域にあり，可視光の放射は無視できるほど弱いので真っ黒に見える．溶鉱炉で高温に熱せられると ν_m が赤い光（可視光）の振動数になるので赤く輝く．溶鉱炉に用いるコークスは室温では真っ黒であるが，精錬時の高熱では黄色っぽい？真っ赤に輝くのと同じである．

問 2.2 $\beta\nu/T \gg 1$ であると，$\exp(\beta\nu/T) \gg 1$ であるから

$$\exp\left(\frac{\beta\nu}{T}\right) - 1 \fallingdotseq \exp\left(\frac{\beta\nu}{T}\right)$$

となるので，式(2.3)は式(2.1)になる．また，ν が 0 に近づくと，$\beta\nu/T \ll 1$ だから式(2.3)の分母は

$$\exp\left(\frac{\beta\nu}{T}\right) - 1 \simeq 1 + \left(\frac{\beta\nu}{T}\right) + \left(\frac{\beta\nu}{T}\right)^2 + \cdots - 1 \fallingdotseq \left(\frac{\beta\nu}{T}\right)$$

となるので，式(2.2)が得られる．

問 2.3 水素原子模型のように，電子が周期的な運動をし，式(2.40)が成り立つような系にしか適用できない．この限界を克服したのがシュレーディンガーである．また本書では述べなかったが，ド・ブロイの理論では，仮想的な波動の伝搬速度が光速を超えるという問題点も抱えていた．しかし，アインシュタインがド・ブロイを支持したおかげで人々の関心を集め，すぐに実験で物質波の存在が実証された．

問 2.4 波動関数から作られる波束が電子それ自体を現すと考えたが，電子の波束は一瞬にして消滅してしまう．

(3 章)

問 3.1 もし電子が片方のスリットしか通れないと仮定すると，フィルム上には，片方ずつスリットを閉じたときの像を加え合わせた像が得られるはずであるが，実際には，S_1 を通った光波と S_2 を通った光波の干渉像が得られるからである．

問 3.2 干渉現象が光子や電子などの量子的粒子のみならず，多くの量子的粒子からなる分子——しかも運動の軌跡をもち古典力学に従うことが実証されている粒子——でも成立することを示しているからである．C_{60} の干渉現象は，物質波の干渉が，いったいどの大きさの粒子まで起こるか，という興味ある問題を提供している．現段階では，このような分子が示す干渉現象を説明する理論をつくる見通しは立っていない．

問 3.3
$$v_x = \frac{c}{2} = 1.5 \times 10^3 \,\text{m}$$

$$\Delta v_x = \frac{\Delta p_x}{m} = \frac{h}{m \Delta x} = 0.73 \,\text{m/s}$$

$$\therefore \frac{\Delta v_x}{v_x} = 4.9 \times 10^{-9} \ll 1$$

このようにマクロスケールの Δx を許せば測定による乱れは全く無視できる．素粒子の飛程を観測するウィルソンの霧箱ではこのような状況で測定が行われる．

問 3.4 （1） $\hat{H} = -\frac{\hbar^2}{2m}\left(\frac{\partial^2}{\partial x^2} + \frac{\partial^2}{\partial y^2} + \frac{\partial^2}{\partial z^2}\right)$

（2） $V(x) = -\int(-kx\,dx) = \frac{k}{2}x^2$

$$\therefore \hat{H} = -\frac{\hbar^2}{2m} \cdot \frac{d^2}{dx^2} + \frac{k}{2}x^2$$

(4 章)

問 4.1
$$\int_0^d \sin^2\left(\frac{n\pi}{d}x\right) = \frac{1}{2}\int_0^d \left\{1 - \cos\left(\frac{2n\pi}{d}x\right)\right\}$$
$$= \frac{1}{2}\left[x - \frac{d}{2n\pi}\sin\left(\frac{2n\pi}{d}x\right)\right]_{x=0}^{x=d}$$
$$= \frac{d}{2}$$
$$\therefore \text{規格化因子} = \frac{1}{\sqrt{d/2}} = \sqrt{\frac{2}{d}}$$

問 4.2 式 (4.27 c)，(4.28 b)，(4.29) から式 (4.30) が得られる．

$n = 1, 3, 5, \cdots$ では，式 (4.27 a)，(4.28 a) を用いて $x' = d/2$ における $\psi(x')$ および $d\psi(x')/dx'$ の連続条件からそれぞれ

$$A\cos\left(\frac{k'_n d}{2}\right) = B\exp\left(-\frac{\beta d}{2}\right)$$

$$-k'_n A\sin\left(\frac{k'_n d}{2}\right) = -\beta B\exp\left(-\frac{\beta d}{2}\right)$$

を得る．両式の両辺を互いに割ると，$k'_n \tan(k'_n d/2) = \beta$ となるので，この式の両辺に $d/2$ を掛けると式 (4.31 a) が得られる．また，$x' = -d/2$ の連続条件からも同じ結果が得られる．

$n = 2, 4, 6, \cdots$ では式 (4.27 b)，(4.28 a) を用いた同様の計算から式 (4.31 b) が得られる．

問 4.3 ψ および $d\psi/dx$ の連続条件から，$x = 0$ では
$$A + B = C + D \tag{1}$$
$$ik(A - B) = \beta(C - D) \tag{2}$$
を，$x = d$ では
$$C\exp(\beta d) + D\exp(-\beta d) = F\exp(ikd) \tag{3}$$
$$\beta C\exp(\beta d) - \beta D\exp(-\beta d) = ikF\exp(ikd) \tag{4}$$
を得る．式（1），（2）から A, B を C, D で表し，式（3），（4）から C, D を F で表し，両方の結果を用いて，A, B を F のみで表すと次式が得られる．
$$\frac{B}{A} = \frac{(k^2 + \beta^2)\{1 - \exp(2\beta d)\}}{(k - i\beta)^2 - (k + i\beta)^2 \exp(2\beta d)}$$
$$\frac{F}{A} = \frac{4ik\beta \exp\{(\beta - ik)d\}}{(k - i\beta)^2 - (k + i\beta)^2 \exp(2\beta d)}$$
これらより式(4.35)が得られる．

（5 章）

問 5.1 二つの線形演算子 $\hat{A}$ と $\hat{B}$ について
$$(\hat{A} + \hat{B})\sum_i c_i \Psi_i = \hat{A}\sum_i c_i \Psi_i + \hat{B}\sum_i c_i \Psi_i = \sum_i c_i \hat{A}\Psi_i + \sum_i c_i \hat{B}\Psi_i = \sum_i c_i(\hat{A} + \hat{B})\Psi_i$$
が成り立つので，線形演算子の和は線形である．$\hat{H}$ は，線形演算子である二階偏微分係数（$\partial^2/\partial x^2$ など）の定数倍と，線形演算子であるポテンシャル V との和で与えられる．V は x, y, z, t の関数を掛けるだけであるから線形演算子である．それゆえ $\hat{H}$ は線形である．

問 5.2 式（4.22 a）から
$$\langle p_x \rangle \propto \int_0^d \sin\left(\frac{n\pi x}{d}\right)\left(-i\hbar\frac{\partial}{\partial x}\right)\sin\left(\frac{n\pi x}{d}\right) \propto \int_0^d \sin\left(\frac{n\pi x}{d}\right)\cos\left(\frac{n\pi x}{d}\right)dx$$
$$\propto \int_0^d \sin\left(\frac{2n\pi x}{d}\right)dx \propto \left[\cos\left(\frac{2n\pi x}{d}\right)\right]_0^d = 0$$

問 5.3（1）式（3.21）から，$(1^2 + 2^2)^{-1/2}\psi = \frac{1}{\sqrt{5}}(\psi_1 + 2\psi_2)$

（2）$\frac{1}{5} : \frac{4}{5} = 1 : 4$ の確率で $E_1\left(= \frac{\pi^2\hbar^2}{2md^2}\right)$ と $E_2\left(= \frac{4\pi^2\hbar^2}{2md^2}\right)$ が得られる．

問 5.4 式（5.20），（5.16）より
$$\Delta x' \cdot \Delta p'_x \geq \frac{1}{2}|(\Psi, i[\hat{x}, \hat{p}_x])| = \frac{1}{2}|(\Psi, \hbar\Psi)| = \frac{1}{2}|\hbar(\Psi, \Psi)| = \frac{\hbar}{2}$$
表 3.1 に与えられた $\hat{E}$ および $\hat{t} = t$ を用いて
$$[\hat{E}, \hat{t}]\Phi = i\hbar\frac{\partial}{\partial t}(t\Phi) - t\left(i\hbar\frac{\partial}{\partial t}\right)\Phi = i\hbar\Phi + i\hbar t\frac{\partial\Phi}{\partial t} - i\hbar t\frac{\partial\Phi}{\partial t} = i\hbar\Phi$$
$$\therefore \quad \Delta E' \cdot \Delta t' \geq \frac{1}{2}|(\Psi, \hbar\Psi)| = \frac{\hbar}{2}$$

（6 章）

問 6.1 $n = 2, l = 1$ であり，$m_l = \pm 1$ のとき
$$\Psi_{n, l, m_l}(r, \theta, \phi, t) \propto R_{2,1}(r)\Theta_{1,\pm 1}(\theta)\exp(\pm i\phi)\exp(-i\hbar^{-1}E_2 t)$$
$$\propto r\sin\theta \exp\left(-\frac{r}{2a_0} \pm i\phi + i\frac{e^2 t}{16\pi\hbar\varepsilon_0 a_0}\right)$$

となり，$m_l = 0$ のとき
$$R_{2,1}(r)\,\Theta_{1,0}(\theta)\exp(-i\hbar^{-1}E_2 t) \propto r\cos\theta \exp\left(-\frac{r}{2a_0} + i\frac{e^2 t}{16\pi\hbar\varepsilon_0 a_0}\right)$$

問 6.2 （1） $P_{1,0}(r) = r^2 R_{1,0}^2 \propto r^2 \exp\left(-\frac{2r}{a_0}\right)$

$\dfrac{dP_{1,0}}{dr} \propto r\left(1 - \dfrac{r}{a_0}\right) = 0$ ∴ $r_{\max} = a_0$

（2） $P_{2,1}(r) = r^2 R_{2,1}^2 = r^4 \exp\left(-\dfrac{r}{a_0}\right)$

$\dfrac{dP_{2,1}}{dr} \propto r^3\left(4 - \dfrac{r}{a_0}\right) = 0$ ∴ $r_{\max} = 4a_0$

問 6.3 $-\dfrac{e^2}{4\pi\varepsilon_0 r_c} = -\dfrac{e^2}{8\pi\varepsilon_0 a_0 n^2}$ より $r_c = 2a_0 n^2$

問 6.4 （1） $l = 3$ であるから $|\vec{l}| = \sqrt{3(3+1)}\,\hbar = 2\sqrt{3}\,\hbar$

（2） $\theta = \cos^{-1}\dfrac{2}{\sqrt{3(3+1)}} = \cos^{-1}\dfrac{1}{\sqrt{3}} = 54.7°$

（3） $l_x^2 + l_y^2 = l^2 - l_z^2 = \{l(l+1) - m_l^2\}\hbar^2 = (12 - 4)\hbar^2 = 8\hbar^2$

問 6.5 図 6.9 で点 P から x 軸におろした垂線の足を H とすると

$\triangle$OHP $\equiv$ $\triangle$OQR, ∴ ∠OQR $= 90°$

ゆえに，点 Q は OR を直径とする円周上にある．x 軸の周りに y 軸を回転させても同じことが成り立つので，点 Q の軌跡は OR を直径とする球面上にある．

(7 章)

問 7.1 （1） $l = 2, m_l = 2$ であるから，$|\vec{l}| = \sqrt{2(2+1)}\hbar = \sqrt{6}\hbar$, $l_z = 2\hbar$

（2） $|\vec{\mu}_l| = \sqrt{6}\mu_B$, $\mu_{l_z} = -2\mu_B$

問 7.2 $\cos^{-1}(s_z/|\vec{s}|) = \cos^{-1}\left(\dfrac{1/2}{\sqrt{3}/2}\right) = \cos^{-1}\left(\dfrac{1}{\sqrt{3}}\right) = 54.7°$

問 7.3 $M_l = +1 + 0 - 1 + 1 + 0 = 1$

$M_s = \dfrac{1}{2} + \dfrac{1}{2} + \dfrac{1}{2} - \dfrac{1}{2} - \dfrac{1}{2} = \dfrac{1}{2}$

(8 章)

問 8.1 古典論的物体である手袋が右手用であるか左手用であるかは常に定まっており，単に秘密にされているだけである．しかし，量子的粒子である電子がもつスピンの特定方向の成分は，その方向に観測したときに初めて存在するようになる（方向の量子化が起こる）．しかも，測定方向をどの方向に選ぶかは測定者の自由である．アインシュタインは，どの方向に測定したかという情報が瞬時に伝わることがパラドックスであると主張したのである．

手袋のような（測定とは無関係に物理量が定まっている）古典的な物体のペアーでは EPR パラドックスを例示することはできない．

仮に EPR 現象を例示できる "EPR ペアー手袋" があるとすれば次のようなものであると考えることができる．その片方は右手用であり他方は左手用であるとともに，片方は赤

色を他方は白色をしている．しかし，右用であるか左用であるかと，赤か白かを同時に決めることはできない．

そこで，このEPRペアー手袋を地球と月に配信したとすると，地球で受けた手袋の左右を測定して，右用と観測された瞬間に月のは左用であると決まる．しかし，それぞれの色は定まらない．また，地球で手袋の色を測定すれば，それが分かった瞬間に月の手袋についても定まる．しかし手袋の左右は全く不明である．

EPRペアー手袋の左右と赤白が同時に定まらないことが，電子のスピンのx成分とy成分が同時に定まらないことと対応している．

索　引

【あ】
アイコナール……………21
アイコナール方程式………22
アインシュタイン…8, 34, 105

【い】
イオン化エネルギー………82
意　識………………103
位相速度……………28, 30
一次元井戸型ポテンシャル…55
一般解………………61
井戸型ポテンシャル………55
因果律………………44

【う】
ウィーンの公式……………11
運動量演算子………………54

【え】
エネルギー保存則…………124
エネルギー量子……………13
エバネッセント光……60, 126
エルミート演算子……73, 128
エルミート行列……………130
遠隔作用……………106
遠隔相関………2, 106, 108
演算子　45, 48, 49, 70, 73, 129

【か】
解析力学………8, 20, 26
可　換………………74
可干渉性……………114
角運動量……………87
角運動量演算子……………79
角運動量ベクトル……86, 92
確　率………………54
確率波……………37, 40
　——の解釈………34, 36
確率密度……………47, 84
隠れた変数…………107
重ね合わせ状態………70, 73
重ね合わせの原理…2, 70, 114
完全系………………128
完全直交関数系……………128
観　測………40, 102, 111

観測操作……………111
観測問題……………3

【き】
規格化………………47, 80
規格化因子…………48
規格完全直交関数系………128
規格直交関数系……………72
幾何光学………8, 20, 26
期待値………45, 49, 73, 85
基底状態………19, 56, 68
軌道運動……………79
軌道角運動量………87
軌道角運動量演算子………95
球関数………………86
境界条件………47, 57, 80
共通の固有関数……………74
行列の基礎関数系…………130
行列表示………128, 129
行列力学………128, 129
極座標………………78
虚　数………………46
キルヒホッフ………10
近接作用……………106
近接場光………60, 126

【く】
空間の量子化………87
空洞放射………10, 11
クロネッカーのデルタ……72
群速度………………30

【け】
系の状態……………46
限界振動数…………14
原子捕獲……………126
原子模型……………16
原子モデル…………17
減衰波………………58
弦の振動………26, 56

【こ】
公開鍵暗号…………116
交換可能……………74
交換子………………74
交換不可能…………74

光　子………14, 34
　——の運動量……………14
　——のエネルギー………14
光子エネルギー……………16
光電効果………13, 14
光量子………………14
光量子説……………8
黒　体………………11
黒体放射………10, 11
古典的因果律の破綻………44
古典的粒子…………63
古典物理学…………8
古典論………………8
コヒーレンス………114
コヒーレント………114
コペンハーゲン解釈………110
固有関数………49, 54, 80, 128
固有状態……………73
固有振動……………26
固有振動モード……………26
固有値………45, 49, 73, 80
固有値方程式………28
固有値問題………70, 130
固有モード…………14
コンプトン効果………15, 16

【さ】
最小作用の原理………21, 126
作用量積分…………22
作用量子……………13

【し】
時間を含まないシュレーディ
　ンガー方程式……………52
磁気モーメント……………92
磁気量子数……81, 82, 94, 96
仕事関数………57, 58
実在論………………105
自由電子………58, 82
自由電子状態………83
自由粒子……………53
縮　退………68, 82, 83
シュテルン・ゲルラッハの実験
　………………94, 102, 131
主量子数………81, 82
シュレーディンガー…28, 103

——の猫 ……………103, 104
シュレーディンガー方程式
　　…8, 28, 30, 49, 52, 70, 78, 79
状　態 …………………………45
情　報 …………………111, 115
蜃気楼 …………………119, 122
真空準位 ………………………15
振動数条件 ……………………18

【す】

水素原子 ………………………78
　　——のエネルギー …………83
　　——の固有状態 ……………82
水素原子エネルギー …………18
水素原子スペクトル …8, 16, 19
水素原子模型 …………………92
スネルの法則 ………………119
スピン ………………94, 95, 96
スピン座標 ………………96, 97
スピン磁気量子数 ……………96
スピントランジスタ ……………6
スピントロニクス ………………6
スピントンネル磁気抵抗効果 …6
スピン量子数 …………………96
スペクトル ……………………10

【せ】

前期量子論 ……………………8
線形演算子 ………………70, 128

【そ】

走査型トンネル顕微鏡 ………63
測　定 …………………41, 102
測定精度 ………………………42
測定値 …………………………45, 49
束縛状態 ………………………83

【た】

大数の法則 ……………36, 44, 49
多世界解釈 ……………108, 110
単一光子レーザ …………………5
単一電子デバイス ………………5

【ち】

調和振動子 ……………………12
直　交 …………………………71
直交関数系 ………………71, 72

【て】

定常軌道 ………………………17
　　——の条件 …………………18
定常状態 ……………52, 54, 78
定常波 ……………………25, 26
ディラック定数 …………43, 48

電子軌道 ………………………90
電子スピン ……………………95
電子線回折 ……………………26
電子配置 ……………………100
電子物性工学 …………………6
伝搬ベクトル …………………21

【と】

等位相面 ………………………22
透過波 …………………………61
透過率 …………………………62
統計的因果律 ……………44, 49
ド・ブロイ ………………8, 24
ド・ブロイ波 ……………8, 25
ド・ブロイ波長 …24, 25, 42, 54
トンネル効果 …5, 63, 65, 103
トンネル電流 …………………63

【な】

内　積 …………………………71
ナノ技術 ………………………60
ナノフォトニクス …………127
ナノ粒子 ………………………40

【に】

二重スリット ………………111
ニュートンの運動方程式 …123

【の】

ノイマンの観測理論 ………102

【は】

ハイゼンベルク ………………42
パウリの原理 …………………98
波　数 …………………………54
波数ベクトル …………………67
波　束 …………………………2, 30
　　——の収縮 …2, 73, 102, 114
波動関数 …34, 45, 46, 49, 54, 78
　　——の方向依存性 …………88
波動性 …………………………34
波動方程式 ……………………28
ハミルトニアン …………48, 124
ハミルトニアン演算子 …48, 79
ハミルトン ………………8, 20
　　——の原理 ……………123, 124
　　——の主関数 …………23, 126
ハミルトン・ヤコビの方程式
　　………………23, 123, 126
波　面 …………………………22
反射率 …………………………62

【ひ】

非可換 …………………………74

光の回折現象 …………………34
非局所性 ………………2, 106
左進行波 …………………61, 73
標準偏差 ………………………75
表皮の厚さ ……………………60

【ふ】

フェルマーの原理 ………20, 119
フェルミ準位 …………………15
不確定性関係 …………………43
不確定性関係式 ………………75
不確定性原理 …2, 43, 75, 116
物質波 ……………………8, 25, 26
物理量 …………45, 48, 49, 70, 73
フラーレン ……………………41
プランク ………………………12
　　——の公式 …………………13
　　——の量子仮説 ……………13
プランク定数 ……………13, 48
フントの規則 …………………98

【へ】

ベルの不等式 ………………108
変数分離 ………………………52
変分原理 ………………………21

【ほ】

ボーア ……………………8, 17
　　——の原子模型 ……………18
ボーア磁子 ……………………93
ボーア半径 ……………………18, 19
方位量子数 ………………81, 82
方向の量子化 ……………87, 94
保存系 …………………………52
ポテンシャル障壁 …………61, 63
ポテンシャルの壁 ……………56
ボルン …………………………34

【み】

右進行波 …………………61, 73

【む】

ムーアの法則 …………………5
無限に深い井戸型ポテンシャル
　　……………………………55, 65

【や】

ヤングの干渉実験 …37, 38, 39

【よ】

要　請 …………………………46

【ら】

ラグランジェの方程式 ……125

索　引

ラグランジュアン ……… 124
ラゲールの陪関数 ……… 81
ラザフォードの α 線の散乱実験
　　　…………………… 17

【り】

粒子性 ………………… 34
粒子・波動の二重性 …… 41
リュードベリ定数 ……… 16
量子暗号通信 ………… $2, 116$
量子エレクトロニクス …… 3
量子化軸 ……………… 87
量子化条件 …………… 18
量子効果 ……………… 5
量子光学 ……………… 3
量子効果ナノデバイス …… 5

量子コンピュータ
　　　………… $2, 109, 114, 115$
量子消去 ……… $111, 113, 114$
量子情報工学 ………… $3, 111$
量子数 ………………… 28
量子生物学 …………… 3
量子的粒子 …… $2, 37, 42, 45$
量子もつれ合い ……… 110
量子力学の観測問題 …… 102
量子論 ………………… 8

【る】

ルジャンドルの陪関数 …… 81

【れ】

零点エネルギー ………… 56

レイリー・ジーンズの公式 … 12

【E】

EPR パラドックス ……… 105
EPR ペアー　$108, 111, 112, 114$

【M】

MRAM ………………… 6

【S】

STM …………………… 63

【ギリシャ】

γ 線顕微鏡 ……………… 42

―― 著者略歴 ――

阿部　正紀（あべ　まさのり）
1972 年　東京工業大学大学院博士課程修了（電子工学専攻）
　　　　　工学博士（東京工業大学）
2009 年　東京工業大学名誉教授

基礎電子物性工学 ―― 量子力学の基本と応用 ――
Introduction to Electronic Materials
―― Fundamentals and Applications of Quantum Mechanics ――
Ⓒ 一般社団法人　電子情報通信学会　2008

2008 年 5 月 7 日　初版第 1 刷発行
2016 年 2 月 10 日　初版第 5 刷発行

検印省略

編　者　一般社団法人
　　　　電子情報通信学会
　　　　http://www.ieice.org/

著　者　阿　部　正　紀
発行者　株式会社　コロナ社
　　　　代表者　牛来真也

112-0011　東京都文京区千石 4-46-10
発行所　株式会社　コ ロ ナ 社
CORONA PUBLISHING CO., LTD.
Tokyo Japan　　Printed in Japan
振替 00140-8-14844・電話(03)3941-3131(代)
http://www.coronasha.co.jp

ISBN 978-4-339-01826-4
印刷：壮光舎印刷／製本：グリーン

本書のコピー，スキャン，デジタル化等の
無断複製・転載は著作権法上での例外を除
き禁じられております。購入者以外の第三
者による本書の電子データ化及び電子書籍
化は，いかなる場合も認めておりません。

落丁・乱丁本はお取替えいたします

1万2千余語を採録した待望の改訂版！

改訂 電子情報通信用語辞典

(一社) 電子情報通信学会編
B6判／1306頁／本体 14,000円

電子情報通信用語 編集委員会 (五十音順)

委員長	宇都宮 敏男	東京大学名誉教授
幹事	厚木 和彦	電気通信大学教授
	中山 亮一	日本専門用語研究会
	浜田 喬	学術情報センター教授
	吉村 久秉	NTTアドバンステクノロジ株式会社

(肩書は編集当時のもの)

昭和59年に「電子情報通信用語辞典」を発行してから十年余りが経過した。この間集積回路技術，光技術，ディジタル技術，画像技術等々，いずれの分野も短期間で長足の進歩があり，膨大な数の新しい学術用語が随所に用いられるようになった。電子情報通信技術は21世紀に向けての一層重要な社会基盤を形成しつつあり，学術用語は専門分野に局在するものではなくなってきた。また，この分野の用語は，工学分野と理学分野の両方から由来しており，外来語の多用という事情もあるので，用語辞典の改訂をすべく，平成6年から長期間にわたり検討と作業を重ねた結果，ここに「改訂 電子情報通信用語辞典」として発刊の運びになった。この改訂版では進歩の著しい集積回路，光，ディジタル，画像等の分野を補足・充実させ，12,000余語を採録した。また，英和索引を付けて便宜をはかっている。

定価は本体価格+税です。
定価は変更されることがありますのでご了承下さい。

図書目録進呈◆

電子情報通信レクチャーシリーズ

■電子情報通信学会編　　（各巻B5判）

共通

配本順				頁	本体
A-1	(第30回)	電子情報通信と産業	西村吉雄著	272	4700円
A-2	(第14回)	電子情報通信技術史 ―おもに日本を中心としたマイルストーン―	「技術と歴史」研究会編	276	4700円
A-3	(第26回)	情報社会・セキュリティ・倫理	辻井重男著	172	3000円
A-4		メディアと人間	原島博 北川高嗣 共著		
A-5	(第6回)	情報リテラシーとプレゼンテーション	青木由直著	216	3400円
A-6	(第29回)	コンピュータの基礎	村岡洋一著	160	2800円
A-7	(第19回)	情報通信ネットワーク	水澤純一著	192	3000円
A-8		マイクロエレクトロニクス	亀山充隆著		
A-9		電子物性とデバイス	益一哉 天川修平 共著		

基礎

B-1		電気電子基礎数学	大石進一著		
B-2		基礎電気回路	篠田庄司著		
B-3		信号とシステム	荒川薫著		
B-5	(第33回)	論理回路	安浦寛人著	140	2400円
B-6	(第9回)	オートマトン・言語と計算理論	岩間一雄著	186	3000円
B-7		コンピュータプログラミング	富樫敦著		
B-8		データ構造とアルゴリズム	岩沼宏治他著		
B-9		ネットワーク工学	仙石正和 田村裕 中野敬介 共著		
B-10	(第1回)	電磁気学	後藤尚久著	186	2900円
B-11	(第20回)	基礎電子物性工学 ―量子力学の基本と応用―	阿部正紀著	154	2700円
B-12	(第4回)	波動解析基礎	小柴正則著	162	2600円
B-13	(第2回)	電磁気計測	岩﨑俊著	182	2900円

基盤

C-1	(第13回)	情報・符号・暗号の理論	今井秀樹著	220	3500円
C-2		ディジタル信号処理	西原明法著		
C-3	(第25回)	電子回路	関根慶太郎著	190	3300円
C-4	(第21回)	数理計画法	山下信雄 福島雅夫 共著	192	3000円
C-5		通信システム工学	三木哲也著		
C-6	(第17回)	インターネット工学	後藤滋樹 外山勝保 共著	162	2800円
C-7	(第3回)	画像・メディア工学	吹抜敬彦著	182	2900円
C-8	(第32回)	音声・言語処理	広瀬啓吉著	140	2400円
C-9	(第11回)	コンピュータアーキテクチャ	坂井修一著	158	2700円

配本順				頁	本体
C-10		オペレーティングシステム			
C-11		ソフトウェア基礎	外山芳人著		
C-12		データベース			
C-13	(第31回)	集積回路設計	浅田邦博著	208	3600円
C-14	(第27回)	電子デバイス	和保孝夫著	198	3200円
C-15	(第8回)	光・電磁波工学	鹿子嶋憲一著	200	3300円
C-16	(第28回)	電子物性工学	奥村次徳著	160	2800円

展開

D-1		量子情報工学	山崎浩一著		
D-2		複雑性科学			
D-3	(第22回)	非線形理論	香田 徹著	208	3600円
D-4		ソフトコンピューティング			
D-5	(第23回)	モバイルコミュニケーション	中川正雄 大槻知明 共著	176	3000円
D-6		モバイルコンピューティング			
D-7		データ圧縮	谷本正幸著		
D-8	(第12回)	現代暗号の基礎数理	黒澤 馨 尾形わかは 共著	198	3100円
D-10		ヒューマンインタフェース			
D-11	(第18回)	結像光学の基礎	本田捷夫著	174	3000円
D-12		コンピュータグラフィックス			
D-13		自然言語処理	松本裕治著		
D-14	(第5回)	並列分散処理	谷口秀夫著	148	2300円
D-15		電波システム工学	唐沢好男 藤井威生 共著		
D-16		電磁環境工学	徳田正満著		
D-17	(第16回)	VLSI工学 —基礎・設計編—	岩田 穆著	182	3100円
D-18	(第10回)	超高速エレクトロニクス	中村 徹 三島友義 共著	158	2600円
D-19		量子効果エレクトロニクス	荒川泰彦著		
D-20		先端光エレクトロニクス			
D-21		先端マイクロエレクトロニクス			
D-22		ゲノム情報処理	高木利久 小池麻子 編著		
D-23	(第24回)	バイオ情報学 —パーソナルゲノム解析から生体シミュレーションまで—	小長谷明彦著	172	3000円
D-24	(第7回)	脳工学	武田常広著	240	3800円
D-25		福祉工学の基礎	伊福部達著		近刊
D-26		医用工学			
D-27	(第15回)	VLSI工学 —製造プロセス編—	角南英夫著	204	3300円

定価は本体価格+税です。
定価は変更されることがありますのでご了承下さい。

図書目録進呈◆

電子情報通信学会 大学シリーズ

（各巻A5判，欠番は品切です）

■電子情報通信学会編

配本順				頁	本体
A-1	(40回)	応用代数	伊藤 理 正夫／重 悟 共著	242	3000円
A-2	(38回)	応用解析	堀内 和夫 著	340	4100円
A-3	(10回)	応用ベクトル解析	宮崎 保光 著	234	2900円
A-4	(5回)	数値計算法	戸川 隼人 著	196	2400円
A-5	(33回)	情報数学	廣瀬 健 著	254	2900円
A-6	(7回)	応用確率論	砂原 善文 著	220	2500円
B-1	(57回)	改訂 電磁理論	熊谷 信昭 著	340	4100円
B-2	(46回)	改訂 電磁気計測	菅野 允 著	232	2800円
B-3	(56回)	電子計測（改訂版）	都築 泰雄 著	214	2600円
C-1	(34回)	回路基礎論	岸 源也 著	290	3300円
C-2	(6回)	回路の応答	武部 幹 著	220	2700円
C-3	(11回)	回路の合成	古賀 利郎 著	220	2700円
C-4	(41回)	基礎アナログ電子回路	平野 浩太郎 著	236	2900円
C-5	(51回)	アナログ集積電子回路	柳沢 健 著	224	2700円
C-6	(42回)	パルス回路	内山 明彦 著	186	2300円
D-2	(26回)	固体電子工学	佐々木 昭夫 著	238	2900円
D-3	(1回)	電子物性	大坂 之雄 著	180	2100円
D-4	(23回)	物質の構造	高橋 清 著	238	2900円
D-5	(58回)	光・電磁物性	多田 邦雄／松本 俊 共著	232	2800円
D-6	(13回)	電子材料・部品と計測	川端 昭 著	248	3000円
D-7	(21回)	電子デバイスプロセス	西永 頌 著	202	2500円
E-1	(18回)	半導体デバイス	古川 静二郎 著	248	3000円
E-2	(27回)	電子管・超高周波デバイス	柴田 幸男 著	234	2900円
E-3	(48回)	センサデバイス	浜川 圭弘 著	200	2400円
E-4	(60回)	新版 光デバイス	末松 安晴 著	240	3000円
E-5	(53回)	半導体集積回路	菅野 卓雄 著	164	2000円
F-1	(50回)	通信工学通論	畔柳 功芳／塩谷 光 共著	280	3400円
F-2	(20回)	伝送回路	辻井 重男 著	186	2300円

配本順			頁	本体
F-4 (30回)	通信方式	平松啓二著	248	3000円
F-5 (12回)	通信伝送工学	丸林 元著	232	2800円
F-7 (8回)	通信網工学	秋山 稔著	252	3100円
F-8 (24回)	電磁波工学	安達三郎著	206	2500円
F-9 (37回)	マイクロ波・ミリ波工学	内藤喜之著	218	2700円
F-10 (17回)	光エレクトロニクス	大越孝敬著	238	2900円
F-11 (32回)	応用電波工学	池上文夫著	218	2700円
F-12 (19回)	音響工学	城戸健一著	196	2400円
G-1 (4回)	情報理論	磯道義典著	184	2300円
G-2 (35回)	スイッチング回路理論	当麻喜弘著	208	2500円
G-3 (16回)	ディジタル回路	斉藤忠夫著	218	2700円
G-4 (54回)	データ構造とアルゴリズム	斎藤信男・西原清二共著	232	2800円
H-1 (14回)	プログラミング	有田五次郎著	234	2100円
H-2 (39回)	情報処理と電子計算機（「情報処理通論」改題新版）	有澤 誠著	178	2200円
H-5 (31回)	計算機方式	高橋義造著	234	2900円
H-7 (28回)	オペレーティングシステム論	池田克夫著	206	2500円
I-3 (49回)	シミュレーション	中西俊男著	216	2600円
I-4 (22回)	パターン情報処理	長尾 真著	200	2400円
J-1 (52回)	電気エネルギー工学	鬼頭幸生著	312	3800円
J-4 (29回)	生体工学	斎藤正男著	244	3000円
J-5 (59回)	新版画像工学	長谷川 伸著	254	3100円

以下続刊

C-7	制御理論	D-1	量子力学
F-3	信号理論	F-6	交換工学
G-5	形式言語とオートマトン	G-6	計算とアルゴリズム
J-2	電気機器通論		

定価は本体価格+税です。
定価は変更されることがありますのでご了承下さい。

図書目録進呈◆

電子情報通信学会 大学シリーズ演習

（各巻A5判，欠番は品切です）

配本順		著者	頁	本体
3.（11回）	数値計算法演習	戸川 隼人 著	160	2200円
5.（2回）	応用確率論演習	砂原 善文 著	200	2000円
6.（13回）	電磁理論演習	熊谷・塩澤 共著	262	3400円
7.（7回）	電磁気計測演習	菅野 允 著	192	2100円
10.（6回）	回路の応答演習	武部・西川 共著	204	2500円
16.（5回）	電子物性演習	大坂 之雄 著	230	2500円
27.（10回）	スイッチング回路理論演習	当麻・米田 共著	186	2400円
31.（3回）	信頼性工学演習	菅野 文友 著	132	1400円

以下続刊

1. 応用解析演習　堀内 和夫 他著
2. 応用ベクトル解析演習　宮崎 保光 著
4. 情報数学演習
8. 電子計測演習　都築 泰雄 他著
9. 回路基礎論演習
11. 基礎アナログ電子回路演習　平野 浩太郎 著
12. パルス回路演習　内山 明彦 著
13. 制御理論演習　児玉 慎三 著
14. 量子力学演習　神谷 武志 他著
15. 固体電子工学演習　佐々木 昭夫 他著
17. 半導体デバイス演習
18. 半導体集積回路演習　菅野 卓雄 他著
20. 信号理論演習　原島 博 他著
21. 通信方式演習　平松 啓二 著
24. マイクロ波・ミリ波工学演習　内藤 喜之 他著
25. 光エレクトロニクス演習
28. ディジタル回路演習　斉藤 忠夫 著
29. データ構造演習　斎藤 信男 他著
30. プログラミング演習　有田 五次郎 著
　　電子計算機演習　松下・飯塚 共著

定価は本体価格+税です。
定価は変更されることがありますのでご了承下さい。

図書目録進呈◆